東方風土傳奇

武夷岩茶

陈德平 朱明辉 若 宁 主编

云南出版集团
云南科技出版社
·昆 明·

图书在版编目（CIP）数据

东方风土传奇——武夷岩茶 / 陈德平，朱明辉，若宁主编．-- 昆明：云南科技出版社，2022.9
ISBN 978-7-5587-4486-0

Ⅰ．①东… Ⅱ．①陈… ②朱… ③若… Ⅲ．①武夷山－茶叶－介绍 Ⅳ．① TS272.5

中国版本图书馆 CIP 数据核字 (2022) 第 159711 号

东方风土传奇——武夷岩茶

DONGFANG FENGTU CHUANQI ——WUYI YANCHA

陈德平　朱明辉　若　宁　主编

出版人：温　翔
责任编辑：苏丽月　蒋丽芬
封面题字：陈德平
责任校对：秦永红
责任印制：孙玮贤

书　　号：ISBN 978-7-5587-4486-0
印　　制：云南金伦云印实业股份有限公司
开　　本：787mm × 1092mm　1/16
印　　张：18.125
字　　数：364 千字
版　　次：2022 年 9 月第 1 版
印　　次：2022 年 9 月第 1 次印刷
定　　价：198.00 元

出版发行：云南出版集团　云南科技出版社
地　　址：昆明市环城西路 609 号
电　　话：0871-64134521

《东方风土传奇——武夷岩茶》编委会

茶，不止是一片树叶的故事

（一）

世事洞明皆学问。若喝茶稍认真些，对茶的着迷大抵会经过几个阶段。

与茶邂逅，被四溢的茶香吸引，闻之愉悦，直呼好茶。若接下来喝上一泡，茶汤入唇齿之间，即时感受到身心融入，先收敛、后舒缓、继而甘甜、再顺滑入喉……不觉讶异，喝茶居然是如此美妙的体验！后念及此感，屡试而不得，大呼入坑。更有妙者，茶汤入喉，滋味、香味氤氲于口腔、舒畅于肺腑，多日不绝。如此香味、滋味、韵味，何来成就？开始探寻茶之密码，解读一片树叶的故事，品种、山场、工艺、储存等，终深陷而不自知……

茶，最迷人的地方在于它的香气。闻香识茶叶，香型差异主要来自茶叶品种、山场、工艺、年份等，而其中武夷岩茶的香气最复杂。武夷岩茶品种约上百种，仅在正岩区域60km^{2}处，山场就分三坑两涧三十六峰七十二洞九十九岩等，工艺流程包括做青、焙火等，又受不同制茶匠人的认知及制茶理念影响，若再将储存方式及年份对成茶的影响叠加进来，其中学问复杂至极！

简而言之，一款极品好茶具备“香、清、甘、活”的特征，但茶香并非越高扬、彰显越好，细腻、悠长才是雅香、上佳；“清”指茶汤纯净，滋味于“苦、涩、鲜、甜”四味均衡，不凸显其中一味；“甘”指回甘，是茶汤饮尽之后在口腔中的综合表现，似有甘泉之水于口腔内涌出，触感、香气、甜味俱佳，且经久不散；“活”指变化，单就一泡茶而言，每次冲泡后，茶汤综合表现不一，且耐泡，也指茶叶在陈年过程中的表现，即茶叶随时光流转沉淀下来的岁月味道。

喝茶，喝的是大自然的味道，喝的是制茶匠人们的汗水与脾性。

（二）

入行伊始，我是地产人。众所周知，房地产市场有极强周期性。2008 年以前，我有幸参与针对部分国家、地区的房地产市场研究，如美国、日本及中国香港地区等，既研究其市场周期产生的动因、表现特征、细分市场差异，也研究代表房地产公司的应对策略。过程中屡次自问，若按照美国房地产行业平均 7~14 年为 1 个发展周期来算，在未来近 40 年的职业生涯中，至少会经历 3 个以上发展周期，作为地产人，该如何应对、度过艰难周期呢？

幸运的是在 13 年的地产从业经历里，我并未直接感受到地产下行周期带来的冲击和影响。追随 13 年房地产市场的黄金年代，我从深圳到北京再到纽约，执业重心从主流住宅聚焦到城市综合体开发，职业轨迹也从一名设计经理成长为公司总经理。

2016 年，挥别地产主航道，重新选择产业赛道并开始创业，既充分见识了祖国大好河山的美好，又感受了人性的复杂性及社会的多样性。6 年时光，常有焦虑，偶有恐惧，但心态始终乐观向上、踏实平和。究其原因，除却事业上的点滴积累外，大概是喝茶给我带来的更多可能性和踏实感。找到新赛道的商业模式，并理解其产业价值链上下游的林林总总，这件事总是不难；难的是如何去发现、认知并熟悉产业价值链上的各类要素，并将其有效整合。

喝茶是我最重要的社交工具和社交语言，近几年，通过喝茶认识、创造互动并产生黏性的朋友越来越多。离开大企业平台，兄弟或同学除外，此前积累的所谓人脉都会随时间淡薄，更何况还更换了产业赛道。喝茶的缘起，不是基于商业利益的种种可能，而是来自双方都有想法进一步加深了解，了解基础上增加互动，也许未来会有商业上的交集，但即使没有也无大碍，因为与人分享好茶本身就是一件生活乐事。

喝茶，喝的是朋友间的情谊与快乐，喝的是陪伴度过时光的可能性。

（三）

2015 年底，结束外派从大洋彼岸归来，友人问我，未来有何筹谋？我沉吟良久后微笑答道，“想以后去曼哈顿开个辉哥小茶馆”。

辉哥小茶馆，既是具象的茶馆，又是抽象的情怀。说具象，是关于这个茶馆的位置选择、规模、内容、运营方式种种，在我内心深处已进行过多次描述，虽无任何图纸，但却十分具体；说抽象，是我内心的目标不止于一个茶馆，更多是某种使命感和责任感。

站在曼哈顿时代广场中心，我内心曾无比激动，不由得感叹：这是一个多好的时代，我们这代人的使命和责任是什么？有什么有意思、有价值的事情值得我们去发现、去创造呢？思绪飞扬后又终归理性：在如此未知的世界，个人是渺小的，若总担心被时代抛弃，若只着眼于当下，必定会随时代一同焦虑。

（四）

2019年，我创建了一个茶文化品牌——若可东方。所谓“若可”谐音取自英文“岩石”的“ROCK”，茶道讲究“上者生烂石，中者生砾壤，下者生黄土”，意思是最佳的茶来自“ROCK”，同时将“若可”作为东方传统文化的代表元素，故此得名“若可东方”。与此同时，在对标了葡萄酒并去法国勃艮第、波尔多等产区考察调研、学习交流，思考之后，我决定从长远考虑、从基础工作入手，选择武夷岩茶开展相关基础工作。

2020年的制茶季，“若可东方”团队在武夷山驻场学习半年，并在武夷山天心村陈德平老师指导下，完成《武夷正岩茶山场地图》的制作，同时整理出版了习茶笔记《东方风土传奇：世界武夷岩茶、中国的勃艮第》，面世之后，颇受好评。2021年，我们在习茶笔记基础上，按照专业书籍出版要求，增添修订内容、调整格式，替换更专业图片并重新进行排版。在本次即将出版发行的书籍中，强化“风土”概念，并引入“山场、品种、工艺、匠人、年份”等维度对武夷岩茶的知识体系进行重构，这是对标勃艮第葡萄酒最基础的一步。

茶，不止是一片树叶的故事，希望未来在喝茶的时候，越来越多的朋友总能想到“若可东方”，想起“若可东方”的产品品质和品牌调性，并感受到茶叶背后的情怀和力量。

在众声喧哗的时代，还好我们可以喝茶，还好我们有茶。

辉哥整理于若可茶空间

Contents 目录

东方风土传奇——武夷岩茶

第一章　传　承

岁月不居・时光如茶

大紅袍

千载儒释道，万古山水茶

武夷茶自古以来闻名天下。据《从“濮闽”向周武王贡茶谈起》一文记载，早在商周时，武夷茶就随“濮闽族”的君长，在会盟伐纣时被进献给周武王了。

公元前110年，汉武帝派军灭了闽越国，并诏令将闽越民举迁江淮之间，以虚其地。当地官员将武夷茶献给汉武帝，自此开始武夷茶纳贡。虽然史志中未见汉代武夷山产茶记载，但据考古发现，汉城遗址数以万计的陶器里，有大量茶具——茶壶、茶杯，证实汉代闽越国先民种茶饮茶的事实。

据考证，武夷山真正开始人工栽培茶叶是在南北朝时期。《名山县志》收录了蒙山顶上的一个碑文，其中有载“昔有汉道人，剃草初为祖。分来建溪芽，寸寸培新土。至今满蒙顶，品倍毛家谱。”记载了汉代道人（四川茶祖吴理真）引武夷山区建溪茶种种植于四川蒙顶的旧闻（建溪茶产于宋代建安，即今福建武夷山一带）。

唐玄宗于784年诏封武夷山为“名山大川”，道教将武夷山列为“三十六洞天”之第十六升真元化洞天，佛教寺庙也在此大兴，武夷山名声日高。

福建省最早记载武夷茶的史料是唐代的《送茶与焦刑部书》，“晚甘侯十五人遣侍斋阁，此徒皆请雷而摘，拜水而和，盖建阳丹山碧水之乡，月涧云龛之品，慎勿贱用之。”“晚甘侯”的产地指的就是如今的武夷山。“丹山碧水”是南朝“梦笔生花”的才子江淹对武夷山的赞称，随后成为人所共知的武夷山特称。唐代方山露芽及建州大团产生，建茶大盛而武夷茶尚未著名，但其茶“盖以品质优异，被当作馈赠之品”。

名于斗茶，贡于龙凤

北宋是我国制茶技术变革时期，饮茶风气盛行，茶成了人们日常生活中必不可少的东西。当时的建茶、北苑贡茶，以品质日异翻新，而能在“斗品充官茶”的风浪中，盛行北宋半个世纪之久。范仲淹的《和章岷从事斗茶歌》便是北宋时期斗茶盛况的写照。

《和章岷从事斗茶歌》

年年春自东南来，建溪先暖冰微开。

溪边奇茗冠天下，武夷仙人从古栽。

新雷昨夜发何处？家家嬉笑穿云去。

露芽错落一番荣，缀玉含珠散嘉树。

终朝采掇未盈襜，唯求精粹不敢贪。

研膏焙乳有雅制，方中圭兮圆中蟾。

北苑将期献天子，林下雄豪先斗美。

鼎磨云外首山铜，瓶携江上中泠水。

黄金碾畔绿尘飞，碧玉瓯中翠涛起。

斗茶味兮轻醍醐，斗茶香兮薄兰芷。

其间品第胡能欺？十目视而十手指。

胜若登仙不可攀，输同降将无穷耻。

吁嗟天产石上英，论功不愧阶前蓂。

众人之浊我可清，千日之醉我可醒。

屈原试与招魂魄，刘伶却得闻雷霆。

卢仝敢不歌，陆羽须作经。

森然万象中，焉知无茶星？

商山丈人休茹芝，首阳先生休采薇。

长安酒价减百万，成都药市无光辉。

不如仙山一啜好，泠然便欲乘风飞。

君莫羡花间女郎只斗草，赢得珠玑满斗归。

明朝王应山的《闽大记》说：“茶出武夷，其品最佳，宋明制造充贡”。表明武夷茶为宋时北苑贡茶的身份。明朝何乔运的《闽书》说：“宋时贡茶制造品式多端，而皇朝武夷不过贡茶斤耳”。当时武夷茶属建茶（因产于福建建溪流域而得名）的一部分。

龙凤团茶是北宋的贡茶，始于南唐，盛于宋元，止于明初。北宋初期，宋太宗遣使至建安北苑（今福建省建瓯市东峰镇），监督制造一种皇家专用的茶，由宋太宗专赐带有龙凤图样的模具，茶饼上印有龙凤形的纹饰，这种茶就叫“龙凤团茶”。宋徽宗赵佶在《大观茶论》中称北苑“龙团凤饼，名冠天下”，其“采择之精、制作之工、品第之盛、烹点之妙，莫不咸造其极”。怪不得苏辙惊呼“闽中茶品天下最高”。而后在武夷山也就有了“御茶园”这个在封建社会里特别显赫的农耕荣誉。

到宋仁宗时，比龙凤团茶更上乘的团茶出现了，与苏轼、黄庭坚、米芾并称“宋代四大家”的书法名家蔡襄在福建做官时，创制了“小龙团”茶进贡给朝廷。这小龙团二十饼才重一斤（宋时一斤为十六两），一饼价值金二两。然而黄金易得，一饼难求，建安北苑每年所产贡茶不到百饼，深藏于大内之中，皇帝甚少赏赐，每年也就赏两饼给两府（中书省和枢密院）的正、副长官共八人，每个人能分到的只有一丁点儿。当时一饼小龙团，值中产人家半年收入，可见其珍贵程度。

转至宋神宗时，在小龙团基础上又加工出更为精致的“密云龙”，使建茶又上了一个台阶。“密云龙”的云纹细密程度更精绝于小龙团，是茶中之极品，不但非常名贵且产量极少，王公大臣却也半饼难求。甚至由于其产量稀少，只能在宗庙祭祀的时候用上一些，皇亲国戚们不断乞赐让皇帝不胜其烦，以至于差一点儿颁旨禁造。

武夷成贡，龙凤式微

元朝大德年间（1302年），浙江省平章高兴始采制充贡，设御茶园于四曲。造喊山台，通仙井在园边。设官采制贡茶。每年到惊蛰，有官为文致祭。祭毕，敲锣打鼓，台上扬声同喊曰：“茶发芽”，井水既满，用以制茶上贡，共九百九十斤；制毕，水遂浑浊而缩。

明初，朱元璋因龙凤团茶过于精致以致奢靡，认为这种做法是浪费百姓劳力，遂诏令“罢龙团，改制散茶”。朱元璋罢造龙凤团茶改贡散茶这一政策实施，使有着悠久历史的北苑贡茶园的发展陷入绝境。

龙凤团茶被罢造后，对武夷山御茶园的茶叶生产同样造成重大冲击，迫使武夷山“御茶园”不得不由龙凤团茶工艺向新兴的炒青绿茶工艺方面转变。

炒青绿茶工艺始自安徽休宁松萝庵引入的黄山僧“僧大方”创制的松萝炒青绿茶制法。松萝炒青绿茶优点颇多，在加工及品饮操作方面都得到了简化，一经推出颇受欢迎。受安徽松萝炒青绿茶制法影响，武夷山各寺庙、道观及茶农开始放弃“蒸青团茶”加工方式，开始转改为“炒青绿茶”制茶工艺，并选用优质“芽茶”制作贡茶。

历史上所记载的武夷茶并不是当下的武夷岩茶，武夷岩茶是青茶的发展。福建沙县很早便开始生产青茶，闽南安溪难民逃至沙县后习得青茶制作技艺，再至武夷山定居时便将青茶制作技艺带至武夷山。当时武夷山仅有庙寺和尚，居民很少，安溪难民定居于武夷山岩上。武夷山可耕地不多，一部分安溪难民无以为生，又迁居到江西上饶、广丰乡下定居，到了茶季才来武夷山做茶。

远销海外，盛极一时

由于部分元末割据势力逃亡海外，与倭寇相互勾结兴风作浪，残元在北方势力还十分强大。在整个洪武年间，每过两三年就有朱元璋重申海禁的记载。不过，这种海禁仅局限于民间，官方并未禁止。明成祖时，郑和七下西洋，武夷茶亦随之流传到海外，武夷茶成为海外最早开始了解中国茶的缘起。

几十年后，武夷茶已发展成为一些欧洲人的日常饮料，并融入他们的日常生活方式当中。英国最早的茶叶文献将武夷茶译为“Bohea”。在当时的伦敦市场上，武夷茶价格比浙江珠茶要高，为中国茶之首。到19世纪中叶，武夷茶出口量在中国茶类达到了第一。

武夷岩茶起源于清末。清光绪年间（1875—1908年），最盛时期年产五十万斤。后受世界大战影响减产，到1924年产量一度只剩二千五百斤。除内销年平均一万二千斤外，余均销往东南亚及美国旧金山等地。经营运销者，多为闽南侨商。每年茶季时，汇款委托赤石茶庄代为收购毛茶加工、包装，或者携款来赤石临时设庄，自行收购毛茶加工，拼配为各种茶名牌号，装运出国。

崇安自从1908年后，迭遭匪患，茶园被破坏，房屋圮废，居民背井离乡，外出谋生，再加上第一次世界大战、第二次世界大战爆发造成劳工缺乏、经济枯竭、运输阻滞、出海口封锁与国内外市场消失等的影响，岩茶的生产与发展受到严重打击，岩茶侨销更是时常中断。中华人民共和国成立前，武夷岩茶一落千丈，产量只剩一万斤，不及全盛时期的五十分之一，落得可怜。

万幸的是，1942年在崇安兴建“中央财政部贸易委员会茶叶研究所”，武夷山成了全国茶叶研究中心。许多著名的茶叶界前辈，如吴觉农、张天福、王泽农等都曾在研究所工作过。他们在武夷山开茶园搞试验，取得许多成果，如试制成功“九一八”揉茶机等，林馥泉在此期间撰写了《武夷茶叶之生产制造及运销》一书，都为茶产业的传承发展做出了贡献。

改革开放，稳定发展

中华人民共和国成立至今，武夷岩茶生产快速恢复、持续发展。1962年，岩茶总产2800担。此后十多年，岩茶持续增产，至1978年总产6400担。党的十一届三中全会后，茶叶生产得到重视，至今武夷山市有近15万亩[①]茶园，年产毛茶2万余吨，茶企9000余家，涉茶人员12万。

2002年，武夷岩茶被列为中华人民共和国地理标志保护产品。

2006年，武夷岩茶（大红袍）手工制作工艺被国家文化部确认为首批“国家非物质文化遗产”，武夷岩茶的声誉地位达到了前所未有的高峰，也让茶叶成为武夷山的支柱产业。

2008年开始，武夷山在全国率先制定了一系列管控规范性文件，严控茶山开垦行为。

2013年起全面禁止开垦茶山，严控茶园面积。在控制茶园面积的同时，着重提升茶叶质量，从源头做起，严控茶园用肥用药；严格茶园标准，整合现代茶业生产项目优惠政策，扶持建设高标准生态茶园、有机茶基地。自2008年以来，武夷山市政府累计投入现代茶业生产发展项目资金数亿元。

2021年3月22日，习近平总书记来到武夷山察看春茶长势，了解当地茶产业发展情况，并为茶产业发展指明新方向，要求统筹做好茶文化、茶产业、茶科技这篇大文章，坚持绿色发展方向，强化品牌意识，优化营销流通环境，打牢乡村振兴的产业基础。

展望未来，武夷岩茶的发展将迈入历史新阶段。

①注：1公顷=15亩，全书特此说明。

第二章 山场

天培地孕·岩骨花香

岩茶，三才者也

“三”，一个玄妙的数字。

“三才者，天地人；三光者，日月星。”

古人认为“天、地、人”，是构成生命现象和生命意义的基本要素。

上有天，下有地，人在其中。三者合一，才是最和谐稳定的结构。

如果说，“天、地、人”的概念过于缥缈，那么当它落实到一片小小的叶子上，就十分清晰了。

自古茶道如人道，茶法如人法，虽植株草木，但道法自然，茶亦是人，茶亦是“三才”。

武夷山自然风光

天与地的融合

众所周知，地球是个很大的球体，纬度位置是影响气候的基本因素。纬度不同，太阳照射的角度就不一样，有的地方直射，有的地方斜射，有的地方整天或几个月受不到阳光的照射。由于太阳照射时间与照射强度不同，造成了不同地方温度及气候状况差异较大，从而对不同地方植物的生长状态产生不同的影响。

从武夷山所处的大气候环境来讲，其位于东经117°~118°、北纬27°~28°，属于亚热带海洋性季风气候，四季分明；年平均温度在12~13℃，无霜期长；年均降水量在2000毫米，是整个福建省降水最多的地区；年均相对湿度高达85%，年均雾日过百，整体气候形成了温和湿润的特征，是喜温耐湿的茶树生长的乐园。

武夷山脉东南侧为迎风坡，受太平洋暖流影响，形成较为平缓的降雨；而西北侧受西伯利亚寒流影响，降雨激烈；冷暖流在此交汇时，更易于形成大量雨水，从而使这里降雨量更为充沛。

大王峰

武夷山大王峰

从植物学上考究，这种地形特征对武夷山的茶树而言，是不可替代的屏障。每年的冷空气南下到达武夷山时，因受到山脉的阻挡不能直接南下东进。等冷空气积蓄能量越过武夷山脉，

或者经福建东北部绕道到达时，冷空气已被暖化。武夷山因地形屏障而上升了热量气候带级别，丰富的热量带为茶树铸就天然的温室。因此，武夷山的冬天比同纬度内陆的省份气温高了许多。

武夷山温湿的气候特点，也是植物生长的优势所在，有利于茶叶中有机物积累，提高氨基酸、咖啡碱和蛋白质的含量，使茶树细胞的原生质保持较高水分，芽叶嫩度高、品质好。

山场的气质

武夷山风景区内众多山峰林立，九曲溪贯穿其间，崇阳溪、黄柏溪等多条河流环外围而过，风景区内众多坑、涧、岩、窠、峰、石、洞、谷不同地貌地形受综合气候条件常年影响，形成了一个个相对独立稳定的生态小产区。这种拥有独特地形及土壤状况和微域气候的产茶地域便叫做“山场”。

山场作为岩茶的生长环境，是形成岩茶自身品质的根源和最核心影响因素。岩茶的香气、滋味、韵味等特征，均主要来自山场的魅力。早在唐代，人们就已经意识到种植环境对茶叶品质的影响，如陆羽在《茶经》中提到“上者生烂石，中者生砾壤，下者生黄土”。

武夷山“三坑两涧”核心产区

武夷山正岩山场鬼洞

和葡萄酒“三分技术，七分原料”一样，山场是决定岩茶品质特征的核心因素之一。类似于勃艮第葡萄酒产区的分级制度，传统的武夷岩茶产区大致分为四个等级，依次为正岩茶（武夷山风景名胜区内）、半岩茶（环景公路沿景区内一侧）、洲茶（传统崇阳溪、黄柏溪沿岸）、外山茶（风景名胜区界线外，武夷山管辖区内）。

武夷山正岩山场竹窠

在武夷岩茶国家标准“GB/T 18745—2006”中，明确武夷岩茶产区为福建省武夷山市管辖行政区域2800km² 范围内，而武夷山正岩茶产区位于武夷山风景名胜区，面积只有60km² 左右。武夷山正岩茶产区的茶如同勃艮第特级园的佳酿，素有“茶中仙品”“一饮成仙”的美称。

武夷山正岩茶生长环境

一、地形地貌：为茶树铸就天然温室

武夷山脉绵亘500余千米，最有代表特色的武夷山风景名胜区的山峰是向西倾斜的单斜山。究其地质原因是武夷湖盆回访上升时，岩层受到近东西向的挤压力，导致岩层东侧产生翘升，向西倾斜而形成，形成了独特的峡谷地貌，使山场积涵丰富。因此，这里的茶叶内含物质中多酚物质、茶碱含量高。这也是武夷山山场环境最富有特色的地方。

武夷山脉是南北走向的山脉，武夷山景区地处山脉东南坡。这种地形特征对武夷山的茶树而言，冬挡寒风，夏消烈日，是不可替代的天然屏障。每年的冷空气由西北向东南到达武夷山时，因受到山脉的阻挡不能直接南下东进，等冷空气积蓄能量越过武夷山脉，或经福建东北部绕道到达时，冷空气已被暖化。

同时，武夷山因地形屏障而上升了热量气候带级别，丰富的热量带为茶树铸就天然的温室，导致武夷山的冬天比同纬度内陆的地区温湿度要高，既阻挡着冬季干冷气流向东侵入，又阻留了春夏季太平洋向内陆吹来的湿润空气，使这一地区形成了温暖多雨、物种多样的生态环境，为茶叶生长提供了良好独特的地貌条件。

武夷山正岩茶生长环境

二、地质土壤：形成正岩区茶鲜叶内含物质显著高于其他地区的物质基础

类似葡萄酒一定强调土壤构成对同一品种的葡萄在酿成后味道的差别，武夷山的不同土壤构成，同样造成了虽然同为武夷山系，但正岩产区60km^{2}内产茶的内含物质表现异于同山脉其他地区的现象。原因如下：

（一）土壤母质：正岩产区土壤养分丰富，肥力更高，适宜茶树生长

武夷山景区内土壤大约在8000万年以前由火山喷发，再加上燕山构造运动带来的地壳变动和地表侵蚀，使市区、武夷、星村一带形成一个东北方向的短轴盆地，而盆地四周由火山岩组成，在其中间形成湖泊。火山岩风化成含有铁质岩石的碎片与湖盆周围山地各类岩石经过风化、侵蚀，大量的碎屑物质被水流带到湖盆里一层一层地沉积，经过长期地质作用，形成坚硬的沉积岩。沉积物中的铁质经过氧化作用变成紫红色，逐渐形成紫红色岩层，成为景区土壤的基础。

茶树有喜酸怕碱的特性，适宜茶树生长的土壤的pH值在4.5~6.0。武夷山景区分布较多的土壤都是酸性土，土壤的pH值一般在4.5~6.5。同时，其紫红色岩层含砂砾量较多，达24.83%~29.47%，土层较厚、土壤疏松、孔隙度50%左右，土壤通气性好，有利于排水，促使矿物质及有机物向营养物质转化的同时，保证其属于均衡状态，适合茶树生长。

另外，由于紫红色土母岩疏松，易于崩解，在其受到热胀冷缩或在自然力的作用下，砂砾岩表皮容易脱落沉淀在岩谷之间；再加上这些地方岩谷陡崖，谷底渗水细流，土壤坡度大，流水冲刷作用明显，更利于矿物质的传输，从而形成养分丰富且肥力较高的土壤。

武夷山正岩茶生长环境

（二）土壤矿物质含量：比例更合理，造就正岩产区岩茶香高味浓

不同产地的茶叶所含矿物元素受产地影响亦有显著差异，特别是土壤三要素氮、磷、钾含量比例相距甚大。正岩产区土壤中除钾、镁含量较高外，各物质间的比例也较半岩产区和洲茶产区更为合理，这也是鲜叶生长的优势物质基础。

在香气方面，土壤中钾元素含量对改善茶叶香气具有明显效应，同时，镁和钾亦有助于提高茶树橙花醇、雪松醇等乌龙茶特征香气组分的含量。正岩产区钾、磷、镁含量较高，香气较好。因此形成了正岩产区岩茶香高味浓的特征。

在滋味方面，正岩产区钾、镁元素在茶树新梢中随成熟度增高而降低，且具有调控茶树内含物的作用。氮、磷、钾的合理配施有助于提高茶叶氨基酸、咖啡碱和茶多酚的含量，促进茶树生长，使糖分向茶多酚转化，同时有助于降低酚氨比，从而使岩茶味道醇而不涩。

（三）土壤管理：正岩产区岩茶以质量安全闻名茶界

武夷山景区内岩石表面多，土壤与泥地相对偏少，茶园主要是以砌石而栽、依坡而种、就坑而植，造就了“岩岩有茶、非岩不茶”的茶园形态，外加原始植被的保护，可谓养在深闺。由于山场的先天环境差异，正岩产区在茶园管理上也有明显的不同。

武夷山正岩山场

景区内土壤矿物质丰富，且武夷岩茶全年只采摘一次春茶，经过整个休眠期，土壤得到良好复原，土壤里的矿物质、草本植物会回归到土壤中，营养物质充足。雷阵雨对植物的生长和发芽也有很大的作用。同时，由于武夷山茶园是将倾斜的山体砌成平台，且采用深挖吊土，最大限度蓄土保肥，有利于灭草除虫、土壤熟化，对岩茶品质的形成亦大有益处。

东方风土传奇——武夷岩茶

武夷山生态茶区的气候条件得天独厚。保持有机茶的生态标准，是生态茶区的不懈追求。有机质的层层积累使得这里成为奢侈的茶树乐园，除了新丛茶树在育苗时略施绿肥或有机肥之外，往后尽量少施或不施肥料。另外，生态茶区海拔高，相对气温较低，昼夜温差大，加上生态区生物链完整，昆虫天敌诸多，间接地减少了茶园的病虫害。因此，在茶树的生长期，这里的茶园较少用药。早在清朝时期就有赤石码头“免检上船”的美誉，可见其生态有机质的含量。

武夷岩茶历来以质量安全闻名茶界。从2001年到2008年，在连续八年的国家质检部门抽检中，武夷茶的农残、重金属指标都几乎为零。

大王峰自然丛肉桂

三、海拔：增加正岩产区土壤的有机物沉淀

武夷山各山场土壤中的有机物质沉淀会随着海拔升高而在一定程度上逐渐增大。武夷山景区境内的茶园山场海拔大多在200~450m，属于中海拔，海拔最高的三仰峰也只达729.2m，武夷正岩茶的核心产区“三坑两涧”——慧苑坑、牛栏坑、大坑口、流香涧和悟源涧——的平均海拔大致为350m。这些山峰整体高度落差大，错落起伏，峰峦叠嶂，山地多、平地少。

对于武夷正岩产区核心山场而言，山地多、平地少的这一特殊地质特点，形成了武夷岩茶的特殊栽培方式——生长在岩崖上的正岩茶以盆景式栽种或用石头垒成茶峯，为茶树提供了良好的生长家园。因此，相较于其他高海拔的高山茶区，武夷山的山场环境优势在于：

武夷山丰富多样的植物种类

武夷山正岩核心山场

（1）随着武夷山海拔的升高，气温会适度降低，但湿度会加大，土壤微生物活性减弱，有机质分解偏慢，遂使有机质累积更多。

（2）随着海拔升高，山体主要植物由木本过渡为草本。这两类植物凋零之后，木本主要枯枝落叶大量集中于土壤地表层，使有机质由表层向下急剧减少；而草本则主要为死亡的根系，地表以灌木为主的枯枝落叶不多，故有机质积累深厚，减少不太明显。

（3）再者，不同海拔处，人类活动干扰程度的差异也是成因之一。中高海拔的山场，人类活动受限大，外界因素干扰少，从而进入土壤的天然有机质更多，土壤有机质含量更大。

武夷山正岩核心山场

流香涧

四、水系

武夷山自然保护区是福建闽江水系、汀江水系与江西赣江水系、信江水系的天然分水岭，也是闽江与赣江的源头。水系总体外观为放射状，河流面窄，河床中多砾石，是典型的山地性河流。水系特征为坡降大、河流急、水量充沛，因而水力资源颇为丰富。

其中，武夷山风景名胜区奇峰秀水交相辉映，更是显出与水资源相交融的独特妙境。景区内有大小溪流三条：东面崇阳溪，北面黄柏溪，中有九曲溪贯穿其中，蜿蜒数千米。三溪面通，纵横交错于景区内，将峰岩山石切割为宽窄自成的沟谷涧壑，形成棋盘式的格局，古人描述其有言："一溪九曲碧涟漪，人间仙境在武夷。"涧谷中的流泉淙淙，长年不断，既对武夷山宝贵的植物、动物等资源生态系统的健康发展有着巨大作用，使丹山常盛、碧水常青，又给武夷岩茶注入了更多活性水的灌溉，滋味更富灵动韵气。

武夷山九曲溪

五、生态环境

武夷山自然保护区成立于1979年4月，同年7月份经国务院批准为国家级自然保护区，1987年被联合国教科文组织接纳为国际生物圈保护区，1999年被联合国教科文组织列为世界自然与文化遗产，主要保护对象为地带性森林生态系统和生物多样性。这里是中国东南大陆现存面积最大、保留最为完整的中亚热带森林生态系统。

武夷山自然保护区的生态环境独特而优越，而武夷岩茶正岩产区就分布在保护区及周围地带，其为正岩茶的生长带来了诸多有利因素：

（一）植被

由于武夷山自然保护区的特殊地质地貌、地理环境、气候气温、土质土壤，使这方低纬度、高海拔、地形地貌多样的神秘境地具备水、光、热条件充足等特点，形成了多种多样的独特生态环境，十分有利于生物的生存和繁衍。

武夷山保护区森林覆盖率高，区内保存有2.9万公顷的原生森林植被，2021年10月成为全国第一批国家公园。武夷山保存了世界同纬度带最完整、最典型、面积最大的中亚热带原生性森林生态系统，发育有明显的植被垂直带谱：随海拔递增，依次分布着常绿阔叶林带（350~1400m，山地红壤）、针叶阔叶过渡带（500~1700m，山地黄红壤）、温性针叶林带（1100~1970m，山地黄壤）、中山草甸（1700~2158m，山地黄红壤）、中山苔藓矮曲林带（1700~1970m，山地黄壤）、中山草甸（1700~2158m，山地草甸土）五个植被带，分布着南方铁杉、小叶黄杨、武夷玉山竹等珍稀植物群落，几乎囊括了中国亚热带所有的亚热带原生性常绿阔叶林和岩生性植被群落。武夷山自然保护区种子植物中，被列入第一批国家重点保护的植物有26种，若包括毗邻县的达29种，列入福建省级重点保护的植物有127种，合计156种，占本区种子植物总种数的7.4%。

武夷山丰富多样的植被生态环境

武夷山正岩山场茶树

这里除了发育着地带性植被——常绿阔叶林外，还发育着南方铁杉林、小叶黄杨阔叶矮林等11个植物类型、56个群系、170个群组，几乎包含了我国中亚热带地区所有的植被类型和岩生性植被群落，具有中亚热带地区植被类型的典范性、多样性和系统性，在我国乃至全球同纬度地带内都绝无仅有。如此茂密丰盛的植物生长数量和种类，给土壤带来了更多的有机物质，促进了山场小环境内生态的净化，为岩茶提供了丰富的营养物质和纯净的生长环境。

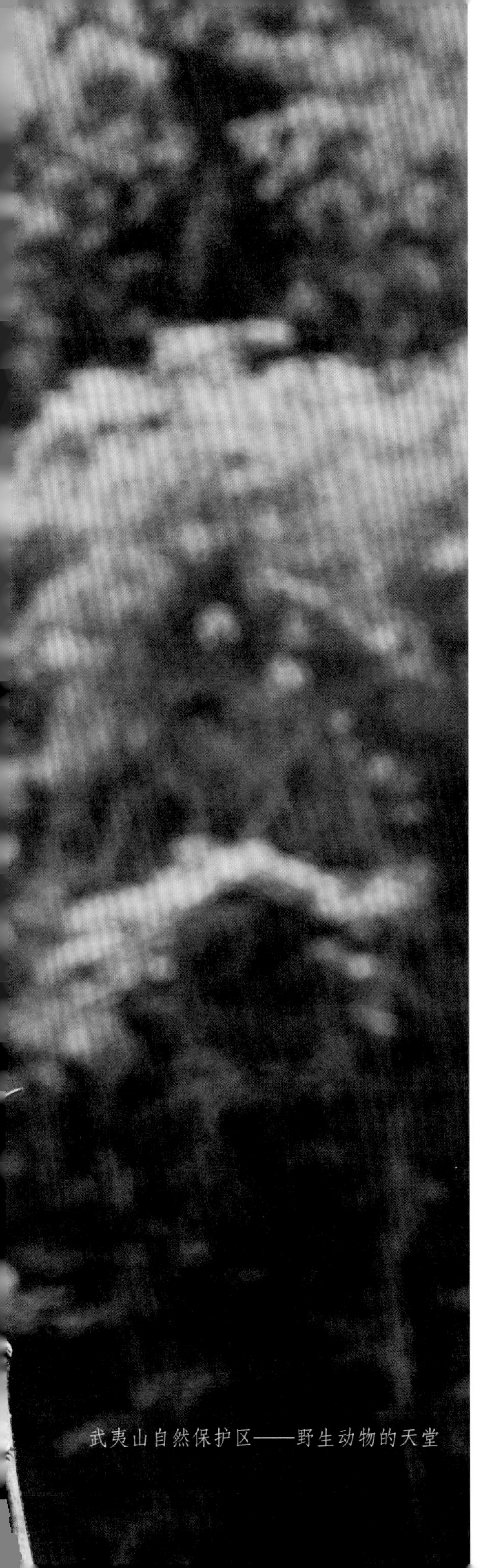
武夷山自然保护区——野生动物的天堂

（二）生物

武夷山景区及自然保护区，由于地形气候条件优越，为野生动物栖息、繁衍提供了良好条件，以“世界生物之窗”闻名于世。这里有野生高等植物2799种、野生脊椎动物558种、昆虫有6849种。2020年，新一轮的武夷山国家公园生物资源本底调查阶段性成果发布中发现武夷林蛙、无凹带蜉金龟、武夷山毛泥甲、武夷山诺襀、三叉诺襀、多形油囊蘑等6个新种，自此，发现的新种数量已达11个。因此，武夷山自然保护区以“世界生物之窗”“天然植物园”“生物模式标本产地”“蛇的王国”“鸟的天堂”“昆虫的世界”“研究亚洲两栖爬行动物的钥匙”的赞誉而蜚声中外。

由此可见，武夷岩茶得天独厚的生长环境不仅在于武夷山风景名胜区内独特而稀缺的丹山碧水，也得益于自然保护区内绝佳的生态环境，其对正岩茶的生长提供了很好的条件。

核心产区

南怀瑾先生一生只喜武夷岩茶，还留下了许多对武夷岩茶的长情告白，最直接的那句——“喝了武夷山的岩茶，其他的茶都不再想喝，好像没有味道了。”

其子南一鹏在追忆《父亲南怀瑾》一书中对父亲南怀瑾爱茶的缘由也有叙述：

“父亲基本上算是不沾酒的，但每天都要喝茶……到了晚上，嘴里淡淡的，又没有东西吃，便泡茶喝，用高山上的雪水煮开后泡清茶，染上了茶瘾。”

据南怀瑾先生的制茶师说，先生在茶上固执得很，只认武夷岩茶，他觉得岩茶不像别样那么浮，内敛但是有香气。因而在南怀瑾生前，每年有一两款专供的茶，命名也有意思，叫做老茶鬼——要选择武夷山三坑两涧中的茶树，旁要有水流过，并且要藏风聚气，其他的地方就不做考虑了。足以见得，核心产区对于“老茶鬼”的吸引力。

武夷正岩茶最核心的产区叫做“三坑两涧”，即慧苑坑、牛栏坑、大坑口、流香涧、悟源涧，产区虽有具体地名，但所指的却不单是这五个地方，而是包含了坑涧及水系周围拥有同样优越环境的山场。

【慧苑坑】

地理位置：玉柱峰北麓。武夷山九曲溪以北，三道重要东西向坑涧中最北一道。

海拔：262m。

慧苑坑是武夷岩茶核心产区“三坑两涧”之一，也“三坑”之中范围最大的一坑，更是武夷山植茶历史最久处。山场氛围静谧空灵，周围松竹环翠，山岩林立，将其整体围成峡谷状。地下紫红色沙砾土壤积涵肥沃，周围雾气缭绕，光照适度，温暖湿润，十分适合喜湿喜温的茶树生长。其中以老丛水仙、铁罗汉、肉桂等最为著名。这里的铁罗汉，生长于岩石之间，成分滋味都有别于其他茶种，内质丰富，香甘并存，口感细腻协调，岩韵具足，芳流齿颊。

武夷山"三坑两涧"之慧苑坑

武夷山"三坑两涧"之牛栏坑

【牛栏坑】

地理位置：宝国岩、北斗峰。武夷山九曲溪以北，三道重要东西向坑涧居中一道，全长不超过2km，种有60亩茶地，是名丛“水金龟”“紫竹桃”的原产地。

海拔：238m。

牛栏坑是武夷岩茶核心产区“三坑两涧”之一。牛栏坑盛产肉桂，这里生态条件十分优越，幽谷森然，涧水常流，无烈日、大风，茶山在半山悬崖上用一层层石头垒成，砌石之上早已布满青苔、藓草，岩石表面黝色苍苍，茶丛生长其间。此地所产之茶，香气饱满，齿颊生津，滋味凛冽。

武夷山“三坑两涧”之牛栏坑

【大坑口】

地理位置：天心寺东南边。武夷山九曲溪以北，三道重要东西向坑涧中最南的一道，是一条通往天心岩的深长峡谷，横贯东西，连接天心岩和崇阳溪的水系。

海拔：243m。

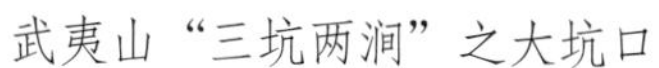

武夷山“三坑两涧”之大坑口

武夷山“三坑两涧”之大坑口

大坑口是武夷岩茶顶级产区“三坑两涧”之一，同时也是岩茶的代表性山场。进入大红袍母树所在地的路就是顺着大坑口而修建，其中大红袍母树所在地——九龙窠，便是大坑口内最知名的小区域山场。坑涧两边茶园广布，为东西朝向，水流丰富，光照充足，土壤肥沃。茶园静卧在树林山嶂掩映处，吸纳天地精华。岩茶产于此地，香气浓郁清长，岩韵显，味醇厚，且具有爽口、回甘的特征。

武夷山“三坑两涧”之悟源涧

【悟源涧】

地理位置：位于马头岩南麓。

海拔：342m。

武夷山“三坑两涧”之悟源涧

悟源涧是武夷岩茶顶级产区“三坑两涧”之一，岩茶代表性山场。悟源涧为流经马头岩南麓的一条涧水，从三仰峰等多山头流出的小溪流汇集到马头岩，形成了涧的源头。涧水淙淙，幽兰纷香。通往马头岩的涧旁石径静谧安详，令人悟道思源，故名“悟源涧”。这里四周峭峰林立，深壑陡崖，幽涧流泉，夏日阴凉，冬少寒风，故而所产岩茶茶青制优率极高，为武夷岩茶的最核心山场之一。悟源涧以肉桂为代表，茶香馥郁，滋味醇厚，回甘迅速且转变丰富，底韵十足，富显坑涧岩茶凛冽的风味特征。

【流香涧】

地理位置：玉柱峰与飞来峰的西麓。一条与三大坑垂直走向的溪流，其溪水来源之一为倒水坑。

海拔：280m。

流香涧是武夷岩茶顶级产区“三坑两涧”之一。武夷山风景区内的溪泉涧水均由西往东流，奔现峡口，汇于崇阳溪，唯独流香涧自三仰峰北谷发源，流势趋向西北，倒流回山，两旁苍石单崖，夹杂石浦、兰花，入涧有缕缕幽香飘来，茶树生长于此不仅有“岩骨花香”，更有流香之韵。“流香涧”石刻之处是尽可容一人通行的清凉峡。“流香涧”是名丛“不知春”的原产地，为武夷岩茶的最核心山场之一。

武夷山“三坑两涧”之流香涧

武夷山“三坑两涧”之流香涧

【马头岩】

地理位置：悟源涧与大坑口之间，东眺大王峰，南连天游峰，西倚三仰峰，北起大红袍景区（九龙窠）。

海拔：425m。

马头岩为武夷岩茶顶级产区“三坑两涧”中“悟源涧”流经山场，同时也是岩茶代表性山

场，因形似马头而得名，又叫“五马奔槽”。马头岩核心区域为五石并列，气势如骏马竞相奔腾，形成了许多小气候山场。马头岩土壤砂砾含量较多，土层较厚却疏松，通气性好，有利于排水，岩岗上开阔，夏季日照适中，冬挡冷风，谷底渗水细流，周围植被较好，形成独特的正岩茶必须的土质。同时，马头岩地势相对开阔，日照较长，茶叶的氨酚比例高，所产肉桂桂皮味彰显，土壤和小气候山场造就了其醇厚甘甜的口感。如今，“马肉”已成为武夷肉桂的重要代表之一。

武夷山正岩核心山场马头岩

【竹窠】

地理位置：位于流香涧西侧，坐落在慧苑坑和三仰峰之间，是武夷山核心产区“三坑两涧”中慧苑坑内更为核心的一个产区。

海拔：290~500m。

竹窠是一个天然的半山谷地，凝聚了大量的自然肥料和水分。土壤肥沃，青苔滋生，这里隐秘而悠窄，云雾易聚难散，棵棵茶树布满沧桑青苔，树高而苍劲有力；这里纯粹自然，不受外界干扰，当地人称“正岩之心”，是品石流香代表性山场。这里赋予了以水仙为代表的茶树优异品质，造就了水仙香气清幽雅致，醇滑细腻，回味悠长的特点。清代朱彝尊《御茶园歌》所言：“云窝竹窠擅绝品，其居大抵皆岩坳。”竹窠”的山场身份珍贵，可谓是“岩上岩”“皇冠上的明珠”，实属顶级山场。

武夷山正岩核心山场竹窠

【品石岩】

地理位置：九曲溪北岸第八曲。

品石岩也叫“三教峰”，属武夷山三十六名峰之一。三块岩石的崖麓紧凑相连，岩势前后三叠，寓意儒、释、道三教鼎立，荟萃山中，形似“品”字，故名“品石岩”，又叫“纱帽岩”“笔架山”。

品石岩下为品石流香百年老丛种植地，这里有着高达150年树龄的老丛树，地势平坦开阔，土壤蓄肥绝佳；周围奇峰林立，遮风挡寒。山场得天独厚的微域生态条件使这里成了正岩区内最古老水仙茶树产地之一。百年老丛长于此地，香气馥郁多变，滋味鲜醇甘甜，余味绵长且转换不断，品质可谓韵自天成。

武夷山正岩核心山场品石岩

武夷山品石岩百年老丛的老茶树

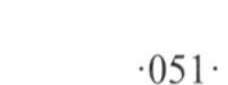

第三章 品 种

种种不同・万般滋味

武夷岩茶树种

武夷岩茶品种繁多，令人眼花缭乱，除去肉桂、水仙、大红袍及传统四大名丛，还有很多老茶客都没有听说过的茶。

蒋希召《蒋叔南游记》记："武夷产茶，名闻全球……茶之品类，大别为四种：曰小种，其最下者也，高不过尺余，九曲溪畔所见皆是，亦称之'半岩茶'，价每斤一元；曰名种，价倍于小种；曰奇种，价又倍之，乌龙、水仙与奇种等，价亦相同，计每斤四元。水仙叶大，味清香，乌龙叶细色黑，味浓涩；曰上奇种，则皆百年以上老树，至此则另立名目，价值奇昂。如大红袍，其最上品也，每年所收，天心不能满一斤，天游亦十数两耳。武夷各岩所产之茶，各有其特殊之品。天心岩之大红袍、金锁匙，天游岩之大红袍、人参果、吊金龟、下水龟、毛猴、柳条，马头岩之白牡丹、石菊、铁罗汉、苦瓜霜，慧苑岩之品石、金鸡伴凤凰、狮舌，磊石岩之乌珠、壁石，止止庵之白鸡冠，蟠龙岩之玉桂、一枝香，皆极名贵。此外有金观音、半天摇、不知春、夜来香、拉天吊等，名目诡异，统计全山将达千种……"

武夷山的茶名，宋元时并不复杂，数种而已，且也比较朴实，无非是龙团、蜡面、栗粒之类。明以后则逐日增多，同时变得花俏起来，紫笋、灵芽、仙萼、白露、雨前等。待到了清朝，就泛滥了，什么雪梅、红梅、小杨梅、素心兰、白桃仁、过山龙、白龙、吊金钟、老君眉、瓜子金，五花八门。到了民国，就更是数不胜数，除了茶树名称，还有一些茶主为了吸引招徕顾客，在包装时也竞取花名。据有关资料记载，仅慧岩一岩，就有花名八百余种。

品种，是先天形成的岩茶风味DNA，岩茶的品种多达一千多种，且不同的品种都有自身不同的特征。例如，肉桂有独特的桂皮香，水仙有独特的兰花香。其主要因素是因为它们天然而稳定的基因品质决定了茶品香气风格各异的呈现。根据时期的不同，岩茶品种的分类也众多：

传统分类

1. 按品种分类

菜茶、水仙、奇兰、桃仁、梅占、雪梨、肉桂、黄龙等。

2. 按产区分类

正岩茶、半岩茶、洲茶等。

3. 按采摘时期分类

首春茶、二春茶、洗山茶等。

另外，在制作品类分类上，各品种成茶均冠原茶树品种名称，如水仙树制成之茶称为“水仙”，由乌龙树制成者称为“乌龙”，以此类推。虽然武夷菜茶虽属于同一品种，但在制造上分类却极为复杂：

（1）奇种：由正岩所产菜茶，经良好天然萎凋和制造过程适当，色、味、香、身骨、叶底等在一般标准之上者。（此项在成茶上占大多数）

（2）单丛（奇种）：菜茶中生长特别优良者若干丛，与其他茶青分别采摘、加工制造，而这若干丛并未分开，品质在奇种之上。

（3）名丛（奇种）：从数十丛或数千百丛单丛奇种中选出的最优秀者，在制造过程中十分谨慎，在制茶成品上色味香都有独到之处，且冠以能表其特质的名称，如“大红袍”“白鸡冠”“铁罗汉”“水金龟”“半天腰”等。

（4）名种：来自半岩（景区内，核心山场周围），普通菜茶制成品种，多属于土质瘦瘠生长不良之茶树，或雨天所采的无法进行良好天然萎凋的茶，色味淡薄，品质较差，仅具岩茶一般标准，其中品质较次者为小种。（由于包价关系，一般茶农不愿分出）

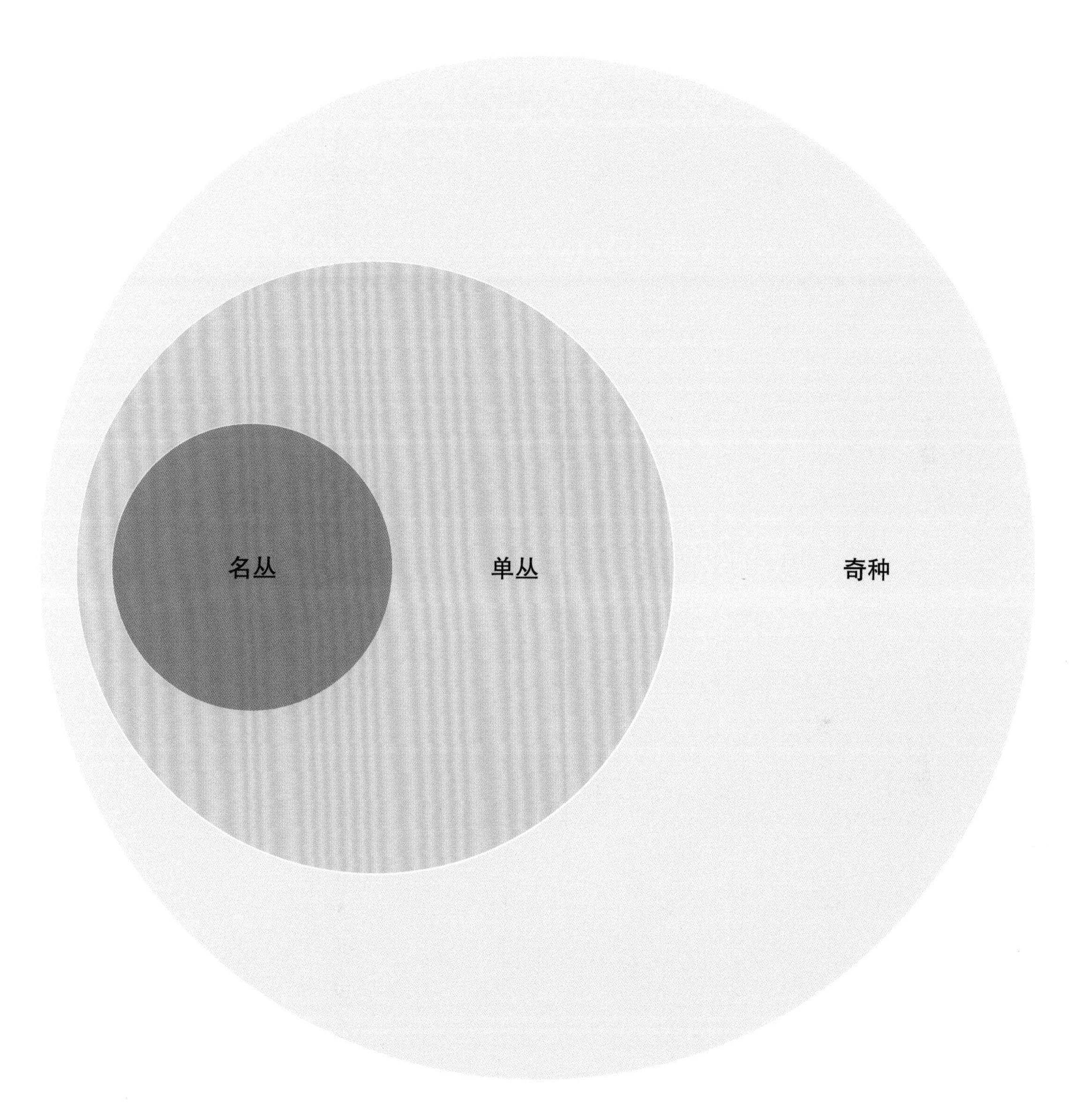
名丛
单丛
奇种

正岩山场茶树品种

现代分类

一、传统品种

指武夷山当地的菜茶品种：武夷菜茶（武夷山原生有性繁殖直根系群落），以及从中选育出的各类名丛。这类品种在武夷山种植历史悠久，是武夷岩茶的主要品种。如大红袍、水金龟、铁罗汉、白鸡冠、半天腰等，其优势是更适应本地的山场，呈现出更强烈的岩韵、生命力；其香清锐、纯正，滋味浓而不烈，甘甜度稍好。

二、选育品种

指由茶叶研究机构经过人工选育，通过不同的植株进行杂交，而培育出具有悠然品性的品种，如黄观音、金观音、黄玫瑰带编号的茶种等。这些品种香气浓郁，滋味浓厚，特征明显，个性很强。

三、外地引进品种

指近十年至近百年来，从外地引进的茶树良种在武夷山本地得以存活，成为岩茶中的新品种，生于斯、长于斯的茶树枝繁叶茂，其积累的营养物质也十分丰厚。如水仙、乌龙、梅占、奇兰、佛手、黄旦、本山、毛蟹等，这些品种香高味醇，回甘柔顺。

产品分类

依据国家质量技术监督局于2006年修订的《地理标志产品武夷岩茶》（GB/T 8745—2006）国家标准，武夷岩茶产品分为大红袍、肉桂、水仙、名丛、奇种五大类。

一、大红袍

大红袍既是茶树名，又是茶叶商品名和品牌名，原为武夷岩茶四大名丛之一，2012年通过审定成为福建省级优良品种。随着时间的推移和世人的应用，如今的大红袍大致有三层含义：

1. 母树大红袍

九龙窠崖壁上的6棵母树。

2. 纯种大红袍

在母树的基础上进行短穗栽培，用无性繁殖方式培育出来的茶树品种。

3. 拼配大红袍

也称“商品大红袍”，由两种或以上的武夷岩茶品种精心拼配而成，拼配的品质要达到岩骨花香的品质。

大红袍茶的品质特征是条索紧结、壮实、稍扭曲，色泽青褐油润带宝色，香气馥郁、锐、浓长、清、幽远，滋味浓郁醇厚，润滑回甘，岩韵明显，杯底有余香，汤色清澈艳丽、呈深橙黄色，叶底软亮匀齐、红边明显。

武夷山大红袍母树

二、水仙

武夷水仙是武夷岩茶中之望族，在武夷山茶区栽培历史有数百年之久，源自建阳水吉之大湖。传说其发现于祝仙洞下，故名为“祝仙”。因武夷山当地“祝”与“水”谐音，后习惯称为“水仙”。水仙茶树高产优质，抗性强，制出的茶品质稳定优良，更由于武夷山得天独厚的自然环境的加持，使得水仙品质更加优异。如今树冠高大、叶宽而厚、成茶外形条索壮结、重实，叶柄及主脉宽大扁平，色泽青褐油润，香气浓郁鲜锐，花香特征明显，滋味醇厚、润滑、品种特征显露，岩韵明显；汤色清澈浓艳，呈金黄或深橙黄色，叶底肥厚软亮，红边鲜艳明显，为武夷岩茶传统的珍品，是岩茶的门面担当之一，深受广大消费者的喜爱。

武夷山水仙茶树

武夷山肉桂茶树

三、肉桂

又名“玉桂”，为武夷山传统茶叶品种，是武夷岩茶中著名品种之一，在清朝已负盛名。武夷肉桂是以肉桂树品种的茶树命名的名茶，成茶外形紧结呈青褐色，香味高扬，滋味刺激。肉桂除了具有岩茶的滋味外，更以其辛锐持久的高香而备受人们的欢迎。据行家评定：肉桂的桂皮香明显，佳者带乳香，香气久泡犹存；入口醇厚而鲜爽，汤色澄黄清澈，叶底黄亮，条索紧结卷曲，色泽褐绿，油润有光。

四、名丛

属于武夷岩茶菜茶品种中自然品质优异、具有独特风格、有单独命名的品种。名丛是武夷岩茶中的一个分类，从大量“菜茶”品种中经过长期选育而成。用名丛制作的成品茶，具有典型的岩韵特征，在市面上有较高的声誉。现今武夷岩茶中有四大名丛：铁罗汉、水金龟、白鸡冠、半天腰（鹞）。

位于牛栏坑的名丛水金龟母树

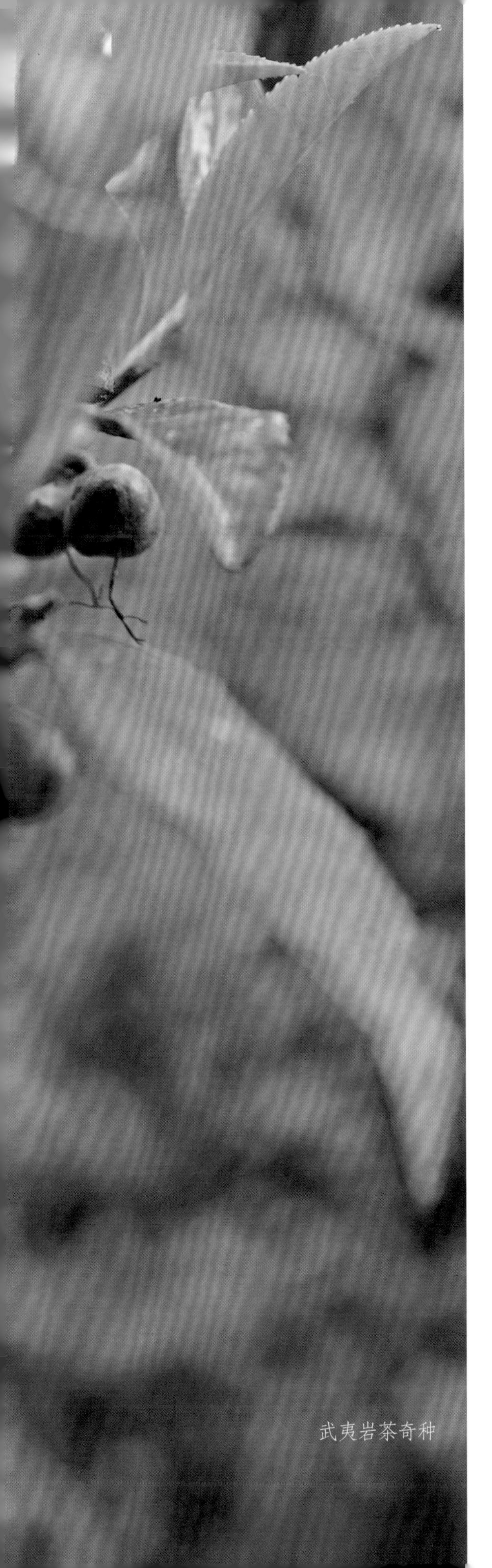
武夷岩茶奇种

五、奇种

武夷山野生茶叶树种，由当地的菜茶品种采制而成。其外形特征紧结匀整，色泽铁青带微褐，较油润。其有天然花香而不强烈，细而含蓄，滋味醇厚甘爽，喉韵较显，汤色橙黄清明，叶底欠匀净，与其他茶品适量拼配，能提高味感而不夺他茶之胜是其特点，耐久储（目前数量极少，市场上流通的多为其他产的茶）。

之所以有那么多品种，有那么多的名称，一来是武夷山的自然环境使然。武夷山地形是丹霞地貌，到处奇峰怪石，从大的来说，仅在风景区核心带就有"九坑十八涧。"而就具体茶树生长的环境来说，又各有各的特殊小环境，因而形成"一岩一茶"的奇特状况。即使原先同一品种的茶树，由于小环境有差异，就会产生品种变异。比如，同一片悬崖上，由于海拔垂直变化较大，顶部、中部、底部的光照、湿度、土壤、植被不同，所生长的茶树就很容易产生变异。二来，主要是茶主们出于商业目的，争相斗奇，互造珍稀的结果。

第四章 工 艺

非遗技法·旷古烁今

东方风土传奇——武夷岩茶

武夷岩茶的尊贵之处，除了它的出身之外，繁复精益的工艺也是让人惊叹的。

当代著名茶叶专家陈椽说："武夷岩茶的创制技术独一无二，为世界最先进，值得中国劳动人民雄视世界。"武夷岩茶作为乌龙茶的鼻祖，其制作工艺极为讲究。

2006年，武夷岩茶手工制作工艺被作为茶类制作技艺中的唯一项目列入国家"非物质文化遗产"名录首榜之上，是传承四百多年，具有杰出价值的民间传统文化表现形式。

武夷岩茶制作工艺，总体分为"初制"和"精制"两大部分。武夷岩茶初制阶段从茶叶从树上采摘好后便开始进行，一般在4月下旬到5月中旬。其生产的分工细致，工序主要包括"一采二倒青，三摇四围水，五炒六揉金，七烘八捡梗，九复十筛分"，即采摘、萎凋、做青、杀青与揉捻、初焙，而后形成毛茶（需8~12斤鲜叶才能做成1斤干茶），进入精制阶段。

武夷岩茶的精制阶段一般在武夷岩茶采摘基本结束后，即5月下旬至11月份。岩茶的精制工艺主要包括初拣、分筛、风选、复拣、复焙、归堆、焙火、装箱等几个部分（2~3斤干茶才能制出1斤精茶，若制率不高，则4~5斤干茶才能出1斤精茶，出精茶率是其他茶类的一半）。

本章主要围绕岩茶制作过程中的采摘、萎凋、做青、杀青、揉捻、初焙、拣剔（初拣、分筛、风选、复拣）、匀堆、复焙、拼配、装箱、贮存等主要工艺部分来进行介绍。

上山采茶的女工们

刚采摘的茶青

采茶工正在采摘老丛水仙

挑青师傅挑青叶下山

初制阶段

一、采摘

在六大茶类之中，乌龙茶制作工序最为繁多。采摘，作为源头上保证茶叶质量的第一道流程，显得格外重要。从茶树上采摘下来，并准备进入制茶程序的新鲜茶叶，称为“茶青”。茶青采摘方法是否标准，直接关系到茶青质量的好坏。

按采摘时间来说，《茶疏》讲到，“清明太早，立夏太迟，谷雨前后，其时适中”。岩茶的采摘与一般红绿茶不同，其鲜叶采摘标准为新梢芽叶生育成熟（开面三四叶），不同的品种略有差异，肉桂中小开面最佳，水仙中大开面最佳。其鲜叶不可过嫩，过嫩则成茶香气低、味苦涩；也不可过老，过老则滋味淡薄，香气粗劣。

武夷山正岩产区的茶叶要等到清明过后，即4月中旬至5月中旬才能摘采，具体采摘时间主要由茶树品种、当年气候、山场位置和茶园管理措施等因素综合决定。当年春天采摘时的茶树，经过整个冬天的休眠和气温回暖，体内的营养物质积累到一个高峰，外加春季温度适宜、雨水充沛，茶芽梢肥壮幼嫩，叶质柔软，色泽翠绿，茶叶达到了最佳的采摘状态。

采摘气候对茶青品质影响较大，晴至多云天，露水干后采摘的茶青较好，雨天和露水未干时采摘的茶青偏差。一天当中以上午9至11时、下午2至5时的茶青质量最好。因此，头春加工期宜选择晴至多云的天气采制，阴雨天不采或少采制，则极有利于提高茶叶的品质，加工出来的茶叶内含物质会更加丰富且耐泡，从而保证茶青品质，这也是品石流香坚持只选用武夷山正岩产区头春茶作为原料的原因所在。

按采摘方法来说，手掌应向内，用拇指指头和食指第一节相合，以拇指指间之力，将茶叶轻轻摘断，且过程中需避免折断、破伤、散叶、热变等现象的出现。

采摘时，由于武夷山山场环境复杂，陡峭地段完全无法实现机器采摘，且品种繁多，只能手采，再用挑夫担茶下山，所以只有经验丰富的带山师傅才知道哪片区域可以采摘，什么时期采摘最为合适。每到头春，家家户户都忙着农作，“乡村四月闲人少”说的就是茶区制茶盛季状况。

二、萎凋

岩茶制作工艺最重要的目的不是要削弱或增加茶里面的内含物质含量，而是改变茶叶中内含物质的比例结构，产生不同效果。刚采摘好的茶青，堆积稍久就容易升温，发生质变。按照正岩茶的制作标准，一旦有茶叶发生质变，那么同置一起的茶叶品质都会受到影响，需做降级处理。因此，茶青采摘好后，需立马进行下一道工序：萎凋。

1. 萎凋

是形成岩茶香味的基础工序，属于酶促反应，主要是使茶青初次走水（蒸发水分）变软，滋味更鲜锐。其处理得当与否，关系到成茶品质的优劣。茶叶采摘后，由于正常代谢受阻，光合作用急剧下降，呼吸作用也随叶子离体的时间延长而下降，呼吸基质来源阻断，此时，茶叶内促进细胞活性的酶类物质也发生了变化。

日光萎凋

传统手工制茶之看青：时刻关注青叶萎凋走水的变化

酶作为能产生化学反应的一种生物催化剂，需要经过加温激活，才能转化成有活性的酶。因而，萎凋要利用温度的提高，蒸发叶片水分，使酶的含量达到一定浓度，与叶片细胞内含物质溶合，促进酶促反应的发生，从而通过控制酶的变化程度，提高其活性，使茶青呈现高速变化的风味特征，形成茶叶香气前体物质，为后期做出各种色、香、味俱佳的优质茶叶打下基础。

2. 萎凋标准

岩茶属于半发酵茶，酶的作用程度需要按照制茶师的制茶经验来适当把控。酶促反应一定要适度，既不能太过，也不能不充分，这在一定程度上增加了萎凋这一工序的复杂度。萎凋标准遵循“宁轻勿过”，一般以叶片半呈柔软，两侧下垂，失去固有的光泽，由深绿变成暗绿色，青气减退，微有鲜爽花香气，失水减重率在10%~15%为宜。这样对恢复青叶的部分弹性

较好，有利于下一做青环节的进行。

3. 萎凋方式

主要采用日光萎凋和加温萎凋，天气晴朗时以日光萎凋为主，阴雨天以加温萎凋为主。

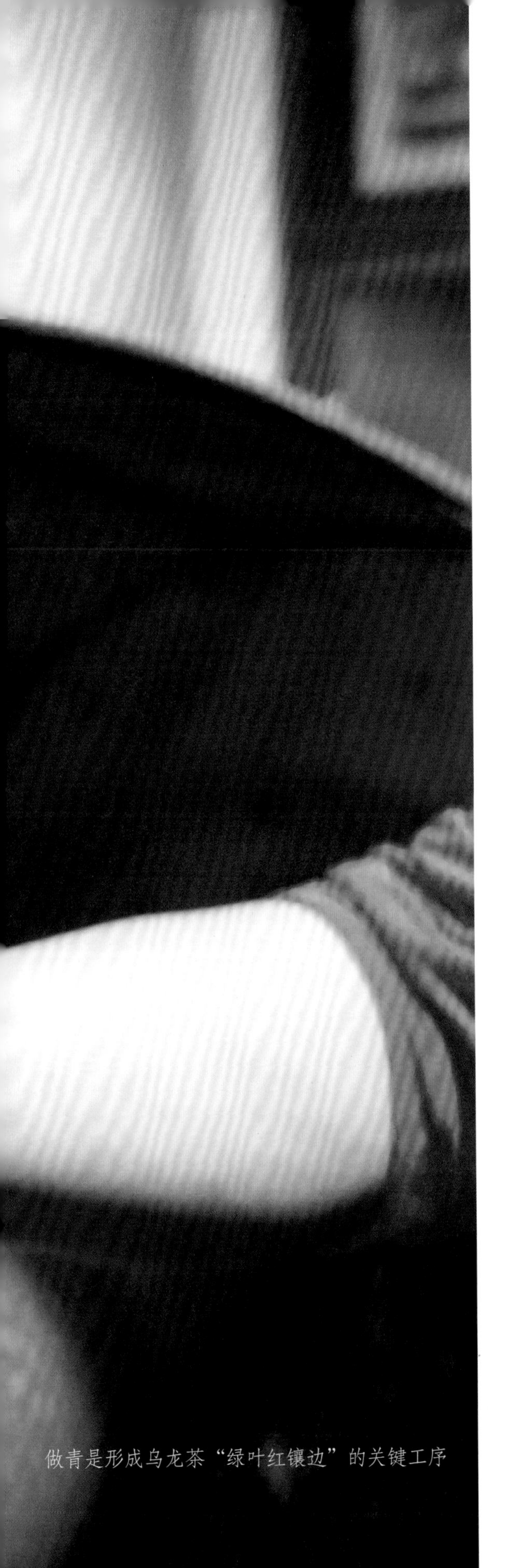
做青是形成乌龙茶“绿叶红镶边”的关键工序

三、做青

1. 做青

指在适宜的温湿度等环境下，通过多次的反复摇青让叶缘不断受到相互碰撞和摩擦，使叶片边缘自然逐渐破损，在接下来与摇青交替进行的静置发酵过程中，茶青内含物质持续发生氧化发酵等转化，从而激发岩茶的芳香物质，形成乌龙茶特有风味和“绿叶红镶边”特征的过程。做青是岩茶初制过程中特有的精巧工序，也是形成岩茶“色、香、味”最关键的一个环节，很大程度上决定了茶的品质。

2. 做青方式

即走水挥发和发酵过程，是由摇青和静置（发酵）两个部分交替进行的。其中，手工摇青最重要的点就在于，使萎凋后的青叶通过摇动，将叶内的水分从较重的叶柄往较轻的叶脉方向输送，茶叶香气会随着水分蒸发而流散到叶片的每一个部位，这便是走水的过程。

摇青又分为手工摇青和机器摇青，其中难度最大的，便属手工摇青，无论是动作还是心法，都可以和太极拳及禅修相互借鉴。手工摇青时，要以特有的手势摇青，使青叶在水筛内呈螺旋形不断滚动和上下翻动，且摇后需静置40分钟左右，接着又开始递增每次的摇筛次数：15下、60下、80下……通常需要耗时8~12小时甚至更久，这无疑是对摇青者经验技术乃至体力的巨大考验。且先不说“摇青功法”难以掌握，就是一趟茶青摇下来，手掌心就会面临巨大的耐力考验。

静置，也是走水的一个过程，前期青叶梗脉水分向叶肉细胞运输渗透，茶青内含物逐渐进行氧化和转变，散发出自然的花果香型，形成乌龙茶特有的高花香，兼有红、绿茶的风味优点，最终呈现出香郁味醇的完美口感。

3. 做青原理

利用加温、摇动、碰撞、静置等不同的物理组合，调控发酵速度与程度，对鲜叶内部的水、酶分子等物质提供热量和能量支持，促进它们进行化学反应。其中，温度会影响内源酶的活性，湿度会影响鲜叶中水分，气流会影响青叶的呼吸作用，摇青会加强氧化酶的活性，促进多酚类化合物的酶促氧化，从而增加茶青中的香气成分。茶多糖的水解（利用水参与化学反应将物质分解成新的物质），是形成“绿叶红镶边”的乌龙茶品质特征的关键步骤。

传统手工做青：通过看青叶、闻青叶散发的香气，来判断做青的程度

岩茶属于半发酵茶，制作过程中需要极其精准地掌握茶青发酵程度，以达到其特有的香气和滋味特征。在整个制茶工序中，各工序间都是相互联系、相互制约的。“萎凋”和“做青”是初制茶最重要的两道工序，其中，萎凋有轻萎凋、中度萎凋、重度萎凋，做青里面也有轻摇、中摇和重摇。这两道工序的三种不同程度就组成了不同的配合方式，如轻萎和轻摇、中萎和轻摇、重萎和轻摇等，大概有9种制作工艺。这样便使岩茶内含物质形成不同的比例结构，形成不同的色、香、味。萎凋与做青不同程度的配合，会产生不同的效果。

4. 做青要点

一般遵循重萎轻摇，轻萎重摇，多摇少做，力道先轻后重，先少后多；等青时间先短后长，发酵程度逐步加重，做到“看天做青，看青做青”。在整个过程中，都需要依靠制茶师傅的“看、嗅、触”等个人综合感官来进行判断，没有具体标准，主要根据天气情况和茶青质量进行观察，从而控制做青的方式及对时间的把控，并及时对出现的异常现象进行分析和调整，尽最大努力保证茶青品质。这就是岩茶的制作工艺非常复杂、难以掌握的原因。

机械做青

做青后的青叶形成了乌龙茶“绿叶红镶边”的特征

四、杀青

1. 杀青

又称“炒青”，与做青一样，是岩茶品质形成与固定的关键工序。即利用高温或者火力，破坏酶的活性，以防茶青的继续氧化发酵，同时使茶青失水软化，以便后续的揉捻。在这一工序中，原有芳香成分的低沸点青臭气进一步散发，高沸点花果香气进一步显露，再热化形成新的芳香成分。同时，叶片内果胶质溢出作用，使茶的滑度增加，也使茶叶品质稳定、香气更纯。

2. 杀青方式

分为机器杀青和手工杀青。机器杀青以110型滚筒式炒青机为主，温度在220~280℃，先高后低；投叶量15kg左右，历时8~10min。出锅时需快速出净，以免出现“拉锅”现象。而手工杀青则需将茶叶放入220℃~280℃的高温炒青灶内，完成对青叶的团炒、吊炒、翻炒等手法，双手掌要并拢，以防茶青漏掉，使茶青受炒均匀，动作要连续、迅速，还要时刻防备炒青锅烫手。这不仅是对制茶技艺的一大挑战，也是对心理素质的一大考验。

传统手工杀青

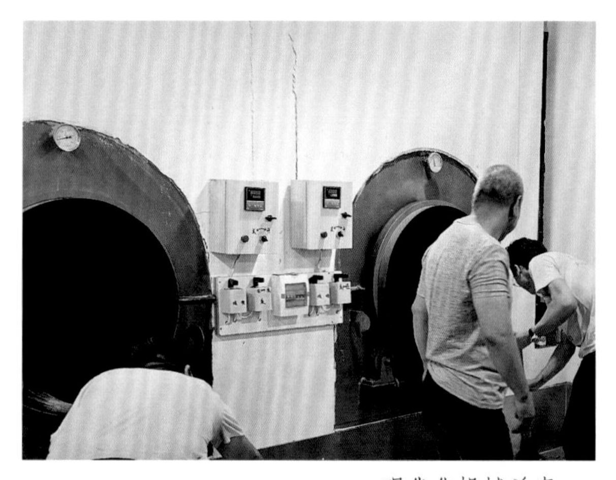

现代化机械杀青

五、揉捻

1．揉捻

类似一个破壁的效果，除了茶叶成型之外，重要的是把茶渍挤压出来。在揉捻的时候进一步把茶叶中没有氧化的一些苦涩物质的细胞结构断裂开，这样更容易提升冲泡时的溶解度，起到出味效果，同时也起到了一个塑形的作用。

2．揉捻方式

分为机器揉捻和手工揉捻。机器揉捻的型号常见有35型、40型等小型揉捻机，及50型、55型等大型揉捻机。机器揉捻需将杀青后的青叶快速趁热盛进揉捻机，并根据压力指示器来随时调整，揉捻历时8~10min。手工揉捻，同样是紧接着手工杀青（炒青）进行，一般采用"双炒双揉"法。初揉起锅后的茶青需趁热置于特制的、具有十字形的骨揉茶笏上，左右两手反复交叉，以"十字"手法用尽全身力气于手心揉捻，每筛大概需大力将其揉推近4min，中间还需解块一次，散发热气，避免水闷气。直至茶汁部分外溢，茶叶卷成条形即可解块抖松，然后将两人所揉制茶并为一筛，倒入锅中复炒。复炒锅温大概在160~180℃，投叶量为0.5~1kg，历时0.5min左右。后趁热复揉1~2min，至条索紧结，才可解块烘焙。

传统手工揉捻

青叶揉捻后的状态

六、初焙

1. 初焙

茶叶揉捻完后，立马要进行烘焙，这是毛茶初制阶段最后一个步骤，故为初焙，又称“走水焙”。烘焙，即烘干步骤，是武夷岩茶塑造外形、形成岩茶特有色香味的关键工序。水分作为茶叶里的一个最主要媒介，含有氧气，会促进植物内部酶的作用，使茶叶迅速变质，或产生另外一个方向的变化。所以，要通过高温焙火使茶叶烘干，起到避免水中氧气促进茶叶内部酶使茶叶迅速变质、稳定茶叶品质、补充杀青效果的作用，使茶叶达到较长时间的贮藏而不变质。

利用焙火的火候，还能改善茶叶的香气和滋味，去除菁臭味及减轻涩味，使茶汤芳香甘润，从而改善茶的本质，提高质量。焙火要在高温下短时间内进行，这样既能最大程度减少茶叶中芬芳油等物质的损失，又可使酵素失去活力。

烘干技术看似简单，但其实没有定数，需要同时考虑把控多少温度和把茶叶焙到几成干燥，这个过程是十分讲究的。这也是武夷岩茶后期复焙时，使茶叶更具耐力，挂杯香、杯底香、汤底香通透的基础。

2. 烘干方式

一般有焙笼烘干和烘干机烘干两种方式。揉捻成条的茶叶，需立马进行高温快速烘焙，不能搁置过久，否则易使干茶产生闷味，降低茶叶品质。焙笼烘干时间长，劳动强度大，生产效率低，因此，初制烘干一般使用烘干机。揉捻叶进入烘干机的第一道烘干，一般要求在30~40min完成，要求焙至茶叶有刺手感，且需视温度、机型面积、走速风量等实际情况而定，温度一般要求稳定为130~150℃。而后可静置摊凉2~4小时，再烘第二道。第二道烘干温度比第一道略低，约为120~140℃。直至烘干，一般烘2~3道即可。毛茶烘焙干后不可摊放长久，一般冷却至室温时即需装袋进库。

传统炭焙

精制阶段

一、拣剔

（一）拣剔

拣出或剔除毛茶中不符合成品茶品质要求的茶梗、黄片、茶籽及杂物等，有人工拣剔和机械拣剔两种方式。武夷岩茶的拣剔目前还是以人工拣剔为主，较为精准，条索保护好，但耗时耗力大；机械拣剔相比而言速度更快，效率更高，但净度尚不够理想。所以我们采取手工和机器相结合的拣剔方式，根据不同的生产规模和产量，视情况进行多次拣剔，对毛茶反复检查，严格把关，力求使即将进入精制工序的毛茶品质能够达到最佳状态。

人工拣剔茶梗、茶片

（二）拣剔方式

1. 机器拣剔

使用拣剔机械为集高精度筛选、风选色选于一体的茶叶色选机，首先利用茶叶的重量、体积、外形和检风面大小的差别，在一定风力下分离茶叶的轻重，除去非茶类夹杂物。

机械拣剔

机械操作第一口为隔砂口，分出重质杂物，第二口为正口茶，第三口为子口茶，第四口为次子口茶，以后各口为茶片和轻质杂物。手工风选称“簸茶”，可去除茶叶中的轻片、茶末和轻质杂物。

机械拣剔

2. 人工拣剔

大致步骤分为:

（1）扬簸：将初干之茶用簸箕扬去体重较轻的黄片、茶末、无条索之碎片、其他夹杂物，这样可以减少一些工作量。

（2）拣剔：人工拣去在“扬簸”步骤中没有被清掉的黄片、茶梗、半叶无条索之叶等。

（3）拣剔茶之加工：将拣好的茶叶先进行复焙，然后再用不同号码的筛子（筛眼大小不同）进行筛分。这一过程需要将近十几人一同手工完成，是武夷岩茶费人力的环节之一。

人工拣剔

二、匀堆

（一）匀堆

是将武夷岩茶同一品种但又有一定差异的毛茶并之一堆，进行有效混合，便于加工制作；并使岩茶在后期的储存、滋味的转换中，品质更加趋于稳定。

（二）匀堆原则

在匀堆之前，同一品种的岩茶，因山场、批次、制作工艺等因素的不同，滋味都会有所差异。应先将各茶逐一检查，察其形态色泽等是否均按一定的规则混合在一起，然后将毛茶各号筛分之茶，层层倒于其上，分别堆放。最后沿侧徐徐疏散开，使各种茶叶充分混合搅拌均匀。这一过程需遵循“同一品种、同一季节、同一火功、均匀混合”的原则。

匀堆

三、复焙

古人云：“君为茶，火为臣，君臣佐使。”可见火对茶的重要作用。一款好茶，自是要通过好的焙火加工工艺，才能使其特性和品质发挥达到最佳。“无火不岩茶”一语，更是强调了焙火对于武夷岩茶的重要性。武夷岩茶，以火助水舒枯木，生水走脉展茶性，汲取了天地自然之精气后，又于制茶师精湛的制茶技艺下，形成了各种充满个性特征的风味。

（一）复焙

武夷岩茶独特的烘焙工艺尤为重要，这是形成武夷岩茶特有香气和独特茶汤口感气韵的关键工序。“焙茶手艺到了家，一年银子不愁花”，就凭这句流传在武夷山茶人中的顺口溜，足见焙茶这道工序的重要性。做武夷乌龙茶，其工序是复杂严谨的。精制工序中的焙火，即复焙（也称“炖火”），多以炭焙为主，主要是通过焙火蒸发多余水分，将茶叶内的内含物质及茶叶外型固定，通过高温烘焙，多酚和多糖类物质进一步氧化减少，从而使岩茶品种特征香气成分更为凸显，形成香高馥郁、滋味醇厚滑润的品质特征，促进成茶品质的稳定，有利于后期的储存。

复焙

（二）复焙方式

一般包括传统炭焙和机械烘培两种方式。传统武夷岩茶整体制作过程中，一般需经过3~4道烘焙工序。焙火实际作用是通过调控茶叶内产生热物理化学作用的程度，从而影响茶叶外形色泽、叶底汤色及耐泡度。火候调控适当可以弥补茶叶品质的某些不足，掌握不当会降低岩茶品质，甚至产生焦味等。因此，焙制茶师如果将火候掌握得恰到好处，可以利用焙火技术将茶叶的品质提高一个档次，衬托特殊的香韵特征。

1. 传统焙笼炭焙

复焙使用专门的焙窟和焙笼，一般以“文火慢烘”为好，这是因为焙茶时温度过高会使茶叶的芳香物质挥发过多，香气降低，重则产生焦味，茶叶失香。实践也证明茶叶的焦糖香、花果香及其他花香的形成，常产生于适温慢炖的过程中，这有利于促进糖的焦化反应。高档的岩茶往往需要炭焙12个小时以上，更有甚者需文火慢炖几天。

炭焙需先将焙窟生好较硬杂木生成的炭火，然后在炭火上披上炭灰，焙师傅控制温度是用手靠焙笼外侧来判断的，但因为师傅个人的偏好不同，有些师傅焙笼上要加盖，有些师傅不加盖；焙笼装茶茶大约7~8斤；温度控制80~120℃（按焙茶程度需要调温）；每次焙茶时间大约在4~12小时。

这是形成武夷岩茶特有风味、熟火香，及具有耐保存、不易变质等特点的主要措施。每次焙茶间隔时间，除应当根据茶叶自身特性以外，还应当依据前次焙火轻重情况而定，即看茶叶

传统炭焙

传统炭焙焙笼

的吃火与退火程度。木炭的辐射性发热属于热辐射，导热性强，同时吸附力强，对茶中异味有吸附和分解的作用，且经过炭焙的茶含水量低，便于储存；香气更为成熟稳定，有特殊的炭烤香；滋味醇厚顺滑，茶汤纯度更高，汤色更澄澈明亮，也更耐泡；挂杯持久细腻，常带乳香；干茶色泽更加油润，有的还有明显的“起霜”。

机械烘焙

2. 机械烘焙

一般采用烘干机慢速挡烘焙，全过程历时1~1.5小时，连续烘2~3道，温度控制范围为90~120℃。

3. 焙火要点

“焙茶是玩火，玩得好，焙出的是上等好茶，焙不好就白去了一春茶的心血。”火功不论高低，均要求将茶叶焙透，所以文火慢炖是烘焙的基本要求。火功高低是烘焙时间和温度综合作用的结果，不能单以时间来衡量火功的高低。火功高低的掌握宜看茶叶品种、毛茶质量状况和等级及销售需求等因素来决定。火功高低可用烘焙温度为第一调整要素，在同等温度下也可用时间为第二调整要素。在烘焙过程中需即时审评，调整温度高低，决定烘焙时间，以达到最终的火功要求。

四、拼配、装箱、贮存

（一）拼配

岩茶拼配，这是一个被误解甚深的技艺。对于早期的岩茶品种来说，当时大多是有性群落，因此岩茶本身就是一种天然的混合拼配。后期有了无性繁殖品种之后，才有了正式的岩茶拼配技术。类似于葡萄酒混酿和白酒的勾兑技术，都是为了保证产品质量稳定的必要技术，这是武夷岩茶制作技艺中极为重要且独特的一项。需在保证原料同样优质的前提下，对不同品种、不同产区、不同工艺的茶，按照市场所需求的口味风格和一定的配比技巧进行匀堆，对不同品种茶的优缺点进行调剂，除了“香气”和“滋味”格调要保证和谐统一之外，还要注意水的醇和感，做到“香幽、水厚、韵足、回味好”，形成另外一种有质有量且有自身独特口味的优质茶品。

武夷岩茶品种繁多，滋味各异，其拼配技术几乎贯穿了整个制作流程。制茶师从最开始就要在心里把握好各种茶的适配度，每次调配后都需要通过严格的审评来判断其是否具有适配性。岩茶拼配时，选择什么原料、用多少种原料，以及原料拼配的比例，均无定数。就好比在美术调色里面，红色加黄色可以变成朱红色，那么，具体需要多少比例的红色跟黄色才能调出来我们想要的那种朱红色呢？这是各家的经验，也是不可言传的秘密。因此，拼配不仅在品种上有讲究，在品种比例上更有讲究，许多茶厂将拼配的比例视为机密。拼配这一过程的自由度很大，要求制茶师对于茶的了解程度及判断能力都非常高。一般来说，拼配时需要考虑的内容有以下方面：

1. 市场

考虑市场需求和全国各地消费者口感、价格接受度的不同，有针对性地进行原料收购和风味拼配。

2. 品质

精选正岩区岩茶作为原料，评茶时内外质结合，以内质为主，要求茶香溶于水中。

3. 品种、山场

要求品种和品质必须相融、分清地域品质特性，严谨考虑各类因素的相融性与协调性。

4. 工艺

制作程度及火候程度。

武夷岩茶的拼配技术同样非常繁复重要，这也是岩茶产品多元化，形成不同等级、不同外形、不同香气滋味的商品茶，满足市场不同消费者需求的条件之一。拼配是岩茶的延伸，是对完美的追求。纯种武夷岩茶是大方世家，拼配岩茶也是名门望族。一泡好的拼配茶，凝聚着制茶师傅毕生功力。岩茶拼配这门绝活如果要用一个词来形容，那就是“锦上添花”。

（二）装箱、贮存

岩茶历经精制程序中复焙的最后一道焙火后，即为加工好的成品茶（精茶）。为保证成茶品质的稳定，应立即将其密封进袋中并置于箱内保存。由于茶叶极易吸湿、吸异味，在高温高湿且氧气充足、阳光照射的地方，容易加快茶叶内含物质的变质，所以装箱贮存的这个过程极为重要。正确的装箱和贮存环境是保证岩茶后期存放，能随着时间沉淀而促进岩茶风味特征递显的前提和基础，若贮存不当，则茶叶容易受潮、返青、变味等。因此，对于岩茶贮存来说，需要注意防潮、防高温、避光、阴凉、通风、干燥，将其置于无异味物品的洁净仓储环境之中。

清点、记录

第五章　匠　人

六代传承·融合创新

事实上，跟中国茶叶的工艺发展史如出一辙，武夷茶也经历了唐朝的蒸青绿茶、宋代的龙团凤饼、元明的炒青绿茶，直到明清时期，才确立了岩茶（即乌龙茶）的制作工艺，迄今已三百多年。

根据史料，清时的武夷岩茶，一开始主要归寺庙所有，而且山中几无农田，僧人以茶为产，靠茶为生。而这些僧人又多为闽南人，他们深感岩茶品质优异，将之传至闽南。之后，闽南茶商深入武夷，先是购买转卖，后便是定厂包销，再后购山、购厂，自产自制，繁荣了整个武夷山。

而清兵入关时，迁入江西（多为上饶、铅山等地）的福建移民，在地理位置上与武夷山接近，语言上也与在武夷山的闽南茶商、僧人相通，所以被优先雇用，被聘到武夷山当包头、制茶师。久而久之，一些人在武夷山安家。如今的武夷天心岩茶村村民，大多为闽南人后裔。

全武夷山也就九十九个岩，地少人多，因此武夷岩茶的制作工艺，在制茶人中也严格地遵循着“传内不传外”的祖训，只在本族人里流传。“术业有专攻”，有人专门做青，有人专攻烘焙，平添了几分神秘的同时，让大家也都有口饭吃。

就这样，几百年发展下来，武夷茶界也在世代相传下，“滚雪球”般地在本地发展出了几个制茶的超级大族。陈氏家族就是其中之一。

在武夷山市政府的一本历史书上，关于民国三十年的茶厂调查里，也有着相关的记录，“有陈姓师傅擅焙火”，这“陈姓师傅”便是陈德平老师的爷爷陈远海。

一、火的浪漫

武夷岩茶的精制工艺中包括拣剔、分筛、风选和焙火等四个工艺，其中以焙火工艺最为关键、技术性最强。

一气之变，所适万形。以火入茶，化为气，生成味，藏于水，成就韵，变幻无穷，遗味万方……这便是武夷岩茶烘焙技艺带来的曼妙之处。

“焙茶是玩火，玩得好，焙出的是上等好茶，焙不好就白去了一春茶的心血”。经过热力烘焙后，可以使茶叶外形逐渐紧结，水分也慢慢消散而干燥，使得茶品在保存中较慢氧化，使其易于保存。其中利用焙火的火候可以改善茶叶的香气、滋味，去除菁臭味及减轻涩味，使茶汤芳香甘润。

烘焙技术是形成独特的茶汤口感风韵的关键工艺，好的焙火工艺能改善质量、延长贮藏寿命。

清代茶人梁章钜先生曾经称赞岩茶的焙火功夫：“武夷焙法，实甲天下”。“看茶焙茶，看火焙茶，茶变则变”这十二字箴言道出，这一环节更加考验焙火师傅的经验与技巧，师傅的嗅觉、视觉、听觉都必须全身心调动起来。武夷岩茶，十焙成金。好的乌龙茶，总是呈火香味，色泽乌润，茶性温和，茶味醇厚，香气馥郁，甚似幽兰，回味悠长，这都得益于“焙火”这一关键环节。

用陈爷爷的话来说，“焙火是讲究功力的，功力高的焙火师傅，会将本来优质的茶质，借由火候的温度曲线，让茶质本身的层次感，随着焙火时间的轴线，在口腔与鼻腔达到一转一折的变化”。

“焙茶手艺到了家，一年银子不愁花。”就凭这句流传在武夷山茶人中的顺口溜，足见焙茶这道工序的重要性。

焙茶靠的就是一个“火”，岩茶工艺对“火”十分讲究：焙火、炖火、复火、足火、过火……焙制茶师傅自然是“火功”统领。

做焙人每天晚上要把炭火烧旺、烧透、打碎、堆成塔形，覆以薄灰，做高火来走火焙（初干）。

为何曰“走”？

是因为揉后的茶索进入焙笼后，要依次由高火逐走向较低火，到最末时起焙，看焙人也要不停地走动，故曰“走”。

用细灰厚盖，是做低火慢炖茶。炭多炭少，做成的焙也随之变化大小；火急火慢，靠用加盖细灰的厚薄来调节。

仅凭一把铁制焙刀和一把木制灰刀，调动火力；靠一双手背，一双眼睛，测定温度。以前没有温度计，更没有红外线测温仪，焙茶师傅的一个传统绝招，就是要会用掌心掌背来测焙笼温度。

陈爷爷精于此道，苍老的手就是最好的“温度计”。他判断焙笼内炭火的温度，只要掌心往焙笼壁上一贴，就能说个八九不离十的温度来；或用掌背往焙笼壁上一贴，又能说出准确的温度来。

他常说，掌心与掌背测焙笼温度是有差别的。掌心粗糙，皮肉老化，触觉不那么灵了，一般感觉到的温度差别会大些；掌背比掌心更怕烫，因为掌背血管青筋密布，暴突的血管青筋接触物体时，感受到的温度会更准确些。

一次，爷爷在焙坊焙茶，我们要他亲自用掌心掌背感测一下焙笼的温度。他用掌心触及焙笼几秒钟后说：“80多度吧？”再用掌背一贴焙笼，很肯定地说：“就83度，顶多差一两度！”我们用事先借来的红外线测温仪一扫描，果然相差无几：感温器从焙笼壁上扫描到的温度是82度！

二、师徒父子，技艺传承

师父、弟子、技艺、传承，一门手艺的发扬光大，都离不开这四个词汇。

有幸逐一拜访大红袍技艺传承人，他们无论有多大的名气，淳朴、厚道仍然是他们共同的特点。有时候，面对世人的好奇和疑问，他们会说："做茶季，去制茶车间拍，看实操，都行。要我说，说不好。"那样的相处模式，一下子把人拉回少时的乡间，仿佛眼前的，就是邻家的伯伯或叔叔，踏实而有烟火气，这也正是岩茶给人的感觉。

真正的手艺人，他的每一句话都很耿直。

"所有手艺传承下来都是有根据的，对待传统手艺，我们得有自己的坚持。市场变化那么快，我们农民怎么应付得来？"

"一个行业做好能养活很多人，但是做好不是'用力过猛'。太花力气的事情都不长久，几代人、一两百年的摸索才有今天，见得多了，也看得淡了。"

"茶叶专家陈宗懋都说，'我们要向农民学习'。所以，我们不能读了书就看不起农民。"

其实真正的大师，走在山里，你会以为他只是个茶农。他们不在茶园、茶厂，就在去茶园、茶厂的路上。只有说到他们热爱的岩茶，你才能看到他们眼里的光。

家中自祖父辈就开始做茶，传至他已是第六代。用陈德平自己的话说，"全家族人都在做茶，从小到大没脱离过做茶的这个环境，做茶似乎成了本能。"

福建师范大学艺术专业毕业的陈德平应该是武夷山极少的一位艺术科班出身的做茶人。起初回到武夷山，陈德平在中学做了近10年的美术老师。2003年的"非典"之后，茶叶市场跌到谷底，陈德平接过家里做茶的重任，全职做茶。

在面对"非典"之后的家族困境，陈德平毅然放弃了艺术之路，走上辛苦的制茶之路。也许是悟性使然，他走出了一条做茶和艺术相融的道路。

在陈德平的记忆里，在以前，武夷岩茶的传统制作技艺就是个吃饭的手艺，和高大上没关系。

"每年，做制茶师傅都是白白胖胖地来，面黄肌瘦地走。我考大学去外面读书，也是父母觉得做茶这个事太辛苦，不愿意我再去做。"陈德平说。

讲到传统制茶手艺的传承，陈德平认为，要用平常心去学、去做。

家族世代做茶，从小到大没脱离过做茶的环境，做茶似乎成了刻在陈德平骨子里的本能，大抵上就是那句大俗话，"龙生龙，凤生凤，老鼠的孩子会打洞"。

"传，是经验上的延续；承，是承载，归纳总结，发扬光大。关于做茶，市场好，我们好好做；市场不好，我们认真做。从太外公辈就吃这碗饭的人，不敢忘的是精神，丢不掉的是手艺。"陈德平说。

三、浪漫的延续，所有的答案都在茶里

在武夷山听到最多的一句话是，“所有答案都在茶里”。是的，再多华丽辞藻的形容，都抵不过这一句。

陈德平是个茶六代，若论茶龄、资历，陈氏家族自然不会是最久的；但若要论家学渊源，当地友人曾戏言，陈氏家族的血管里代代流动的都是茶汤。

茶四代的爷爷陈远海于20世纪20年代从江西迁至武夷山，从此在武夷山安家落户，延续陈家的世代传统做茶。为了让陈德平不再吃做茶的苦，爷爷给其取名陈德平，德位相匹，平稳一生。

其实比起“陈德平”这个名字，“陈老师”这个称呼要更为常用，这源于他的公立学校美术老师生涯，被喊了十几年了，已经与他的生命融为一体。

陈老师自小就生在山里、长在山里，与茶山为伴，与茶树为友。为了保证茶品的质量，只将茶树种植在坑涧之间，用最好的条件种出最优质的茶树，这是祖辈们对品质的坚守，分毫都不愿将就，许多茶园便是从那时留存下来。

当了十几年老师，陈老师觉得到了离开三尺讲台，回家做茶的时间点了。在武夷山当地流传一句话，“不管在哪里上大学，迟早要回去卖茶。”陈老师说，“世界再大，大不过武夷岩茶。”

他回到家，跟着家人上山采茶、认树、做茶。由于从小耳濡目染，他很快掌握了辨识的要领与家族的记忆。也常有朋友开玩笑说，陈老师做茶，并不是学的，而是血的，家族的血液里就流淌着茶，知识都是刻在DNA上的。

陈老师儿时的制茶工具以手作为主，山上的木、林间的竹，经祖辈们的探索与创造制成。一件又一件，一代又一代，传统的制茶技艺、独到的制茶工具，口口相传，代代传承。

陈老师对制茶也有自己的理解。他觉得做茶和画画是相通的，面对一筐上好茶青，也像面对一方摊开的宣纸，挥毫、泼墨、施展。

对于陈德平来说，他出生在马头岩山上，坚持匠心工艺20余年，独守马头岩、悟源涧百亩茶园，不为名利，只为本心。美术出身的他，更是将每一份茶都视为一个作品。

茶是茶，茶是生活，茶亦是艺术。而他们，都是真正的守艺人。

制茶和传承当前，唯静气方不辜负

——若可东方对话制茶师及非遗传承者陈德平专访

武夷岩茶，离不开武夷山，是武夷山的山水、武夷山的自然风光，才造就了天地钟秀的武夷岩茶。岩茶产业的拓展虽然可以以技艺传承人及其制作技艺为中心，但其传承与保护的工作也同时面临着来自科技、经济发展及产业竞争等多方面的机遇与挑战。谈传承，说专业，武夷岩茶魅力无限，但是也因为复杂工艺和小山场颇多而误传误解。非遗传承者不仅是好茶的生产者，更重要的是他们对地域知识、制茶工艺和品饮文化的解读。法国人让世界记住葡萄酒，中国人让世界记住中国茶。

陈德平，武夷岩茶（大红袍）传统技艺·传承者。他毕业于福建师范大学艺术专业，是20世纪90年代初武夷山天心村马头组的第一个大学生，武夷山极少的艺术科班出身的制茶人。家中自祖父辈开始做茶，传至他已是第六代。毕业回到武夷山，陈德平在中学做了近10年的美术老师。2003年“非典”之后茶叶市场跌落谷底，接过家中重任，全职做茶。

若可东方：您是艺术科班出身的，却从事着制茶，看似毫不相关的两件事。您是如何看待艺术与制茶的关系的?

陈德平：学美术的人，最开始的梦想一定是艺术家，但又必须面对现实。20世纪90年代初的武夷山，一切都还闭塞，和外界几乎没有艺术文化的交流。“非典”之后，家里的茶不好做，但也必须有人做，所以我就回来了。做茶和画画某种意味上是相通的，特别是国画，比如它们的创造性、不可逆性。技的打磨是本位，艺的追求是本心，面对一筐上好茶青，犹如面对一方摊开的宣纸，挥毫、泼墨、恣意施展。知道清早上山采青茶工的艰辛，知道晴天的难得，明白漫射光滋养的意义。完美茶青要在自己手里完美落幕，技艺也有了实现最大价值的舞台。茶是茶，茶是生活，茶亦是艺术。

若可东方：您是怎么看待传统制茶工艺的传承的？

陈德平：在以前，武夷岩茶的传统制作技艺就是个吃饭的手艺，和高大上没关系。每年，做制茶师傅都是白白胖胖地来，面黄肌瘦地走。我考大学去外面读书，也是父母觉得做茶这个事太辛苦，不愿意我再去做。全家族人都在做茶，从小到大没脱离过做茶的环境。用特别文艺的话说，就是做茶似乎成了本能，和生活无缝对接，潜意识的存在，精神上的寄托。大俗话就是，“龙生龙，凤生凤，老鼠的孩子会打洞”。一项手艺如果觉得它神秘，那就很难学会，更难学精。传，是经验上的延续；承，是承载，归纳总结，发扬光大。关于做茶，市场好我们好好做，市场不好我们认真做。从太外公辈就吃这碗饭的人，不敢忘的是精神，丢不掉的是手艺。

若可东方：自传承而言，“老得益彰”，“老”似乎在岩茶当中也是一个分量很重的词，那么您如何看待老茶？

陈德平：其实岩茶最讲究“隔年陈”，由于岩茶繁复的制作工艺，当年的岩茶要到来年才最好喝。但陈茶并非是老茶，老茶是一种更为考究的技艺，并不是随便放放就能称得上是“老茶”。真正的老茶自带稀缺性，头顶一份神秘光环和尊贵感，让品饮者觉得身价倍增。武夷茶道，无道之道。一个“老”字道尽武夷岩茶的自然和人文内含，岩茶在人的意识下通过光、热、氧气、水等物质的考验，透过时间的作用将其内在的一些酸类物质、脂类物质、醇类物质进行雕刻打磨。在存放的过程当中，茶叶可能碎裂，可能变黑，可能有白霜，可能有药味，可能有木香……而茶性则继续转化，不断存放就不断转化，茶性越转越温，越来越润。

若可东方：既然老茶如此特殊，那成为“老茶”有什么要求？

陈德平：和葡萄酒“三分技术，七分原料”这样复杂的农作物一样，山场才是决定老茶本质的最核心的价值所在，只有好茶，才有“老”的价值。武夷山素有"九十九岩"之说，"岩岩有茶，非岩不茶"，这“九十九岩”几乎被70平方公里的风景区所涵括，这些产区土壤通透性能好，钾锰含量高，酸度适中，正是这些环境成就了岩茶的“岩骨花香”，成就了武夷山的好山、好水、好茶之名。现在国家进行标准统一，将武夷山风景保护区所产的岩茶都称作“正岩茶”。正岩老茶是有灵魂的，每一泡茶都是独特的，即使同样山场、同样的师傅，每一年的茶都会有区别。

第六章　品　鉴

天地一茶 · 与君共赏

武夷山市民间斗茶赛专用审评碗

岩茶标准审评

武夷岩茶专业审评

鲁迅先生说：“有好茶喝，会喝好茶，是一种‘清福’”。可见，正确地去品鉴一款好茶，对于我们的身心和生活而言，都是一种美好的享受。中国六大茶类之中，武夷岩茶因“岩岩有茶，非岩不茶”而得名，以“岩骨花香”的独特岩韵著称，极具魅力，受到广大消费者的喜爱，并被公认为是独具鲜明中国特色的茶叶品类。其山场的唯一性、品种的独特性、风味的多样性等，都值得我们用心去品饮。现就武夷岩茶的审评技术及要点进行阐述，旨在为武夷岩茶的专业审评和武夷岩茶爱好者的日常品鉴提供参考。

岩茶品类繁多，专业审评由于涉及对茶叶从茶树的种苗开始，直至商品全过程的终端品质进行评定，因此其专业审评技术性强，对审评过程要求格外严谨。评茶师品鉴一般通过正常的视觉、嗅觉、味觉、触觉对武夷岩茶的外形、色泽、香气、滋味和叶底等进行评鉴。

开始审评前，首先，要明确待审评这款茶的所有信息，包括产地、品种、工艺、年限等基本信息。然后，要按标准的方法来审评对比，涉及水的温度、茶量、环境，以及一个人的状态，只有有尺度衡量的审评才能有一个基础的标准点，才可以对比出茶的好坏。接着，确认好一个中性的标准之后，按这个标准做对比，从高或者从低。按照科学的使用香气和滋味的术语，作为一个基准评判点，找出品鉴茶叶中这些香气和滋味的参照物。最后，依据国家质量技术监督局于2006年修订的《地理标志产品武夷岩茶》国家标准（GB/T 18745—2006），岩茶产品具体审评流程及方法有：

一、审评用具准备

根据不同的茶类准备相应规格的审评用具，一般有：无味的白色方形茶样盘，盘的一角带有缺口；110mL的纯白瓷烧制倒钟形审评杯；5mL纯白瓷汤匙；纯白瓷或纯白搪瓷叶底碗；灵敏度准确的克秤；计时器或计时沙漏。

二、审评方法

循国家标准GB/T 23776—2009《茶叶感观审评方法》的前提下，一般分为以下几个要点和主要步骤。

岩茶的审评方法与红茶、绿茶有所不同，习惯用倒钟形盖碗冲泡。其特点是用茶多、用水少、泡时短、泡次多。审评时也分干评和湿评，通过干评和湿评，达到识别品种和评定等级优次。

（一）要点

1. 干评外形

以条索、色泽、匀整度和净度为主，结合嗅干香。条索看松紧、轻重、壮瘦、挺直、卷曲等。色泽以砂绿或乌褐油润为好，以枯褐、灰褐无光为差。干茶是否匀整、无异杂物。上中下三段茶的比例要一致，不可过碎或是全部完整大条索。嗅其干茶香，有无杂味等。

观・干评外形

2. 湿评内质

湿评以香气、滋味为主，结合汤色、叶底。标准的审评冲泡前三道，坐杯时间分别是2min、3min、5min，时间过半依次闻香，到点出汤、品尝滋味。通过沸水高温闷泡的方式可以更全面地感受茶的香气和滋味，以及持久度和耐泡程度。审评是要甄别出优缺点，与日常品饮不同，需要严格按照审评的茶水比及坐杯时间。茶汤浓度较高，一般用啜饮法，茶汤与口腔充分接触感知其滋味后吐掉，浓烈的茶汤不建议大量饮用。

湿评内质

（二）审评步骤

1. 评干茶

取大概50g左右茶样进行摇盘，茶叶因整碎程度形成分层。条索粗大的在最上层，细小些的在中层，茶末则沉入最下层，抓取上中下三段茶5g至温烫过的盖碗中。通过摇盘也可审评其条索外形及有无异杂物等。

评干茶

2. 闻香气

用沸水沿盖碗边定点注水并开始计时，注水至满溢，刮去表面浮沫并盖合盖子。坐杯时间过半，即可根据注水顺序，依次闻香。揭开杯盖，靠近鼻子吸气，闻香时间2~3秒，不可以长时间揭开杯盖。第一泡主要闻香气的纯异，是否有异味；第二泡主要辨别香气高低、香气类型（工艺香、品种香、地域香；香气的锐度、清爽、粗细等）；第三泡主要闻香气的持久度，还可感知第二泡中的香气类型。所闻香气以细腻、悠长为优质，粗钝低短为次之。

闻香气

3. 观汤色

视品种及工艺不同汤色深浅略有不同。以新茶为例，轻火茶的汤色以橙黄为主；中、足火茶汤色以橙红、深橙红为主。无论哪种火功、颜色深浅，最重要的是清澈明亮。

4. 尝滋味

审评宜用品啜法，让茶汤充分接触口腔。通过茶汤在口腔内的搅动，可以感受茶汤的纯异度、醇厚度、回甘度、持久度，区别岩茶的品种特征、地域特征和工艺特征。醇厚、细腻饱满、回甘为优，粗淡、粗涩为次。

观汤色

尝滋味

5. 评叶底

叶底应放入装有清水的白色底盘中，看叶底的匀整度，叶片柔韧度、软亮度。叶片是否易展开、且极柔软，是否红边显。品种焙火程度不同，颜色深浅略有差异，即使是高火茶，叶底仍要软亮匀齐。

评叶底

（附：国标岩茶产品感观品质一览表）

一、大红袍		级别		
		特级	一级	二级
外形	条索	紧结、壮实、稍扭曲	紧结、壮实	紧结、较壮实
	色泽	带宝色或油润	稍带宝色或油润	油润、红点明显
	整碎	匀整	匀整	较匀整
	净度	洁净	洁净	洁净
内质	香气	锐、浓长或幽、清远	浓长或幽、清远	幽长
	滋味	岩韵明显、醇厚、回味甘爽、杯底有香气	岩韵显、醇厚、回甘快、杯底有余香	岩韵明、较醇厚、回甘、杯底有余香
	汤色	清澈、艳丽，呈深橙黄色	较清澈、艳丽，呈深橙黄色	金黄清澈、明亮
	叶底	软亮匀齐，红边或带朱砂色	较软亮匀齐、红边或带朱砂色	较软亮、较匀齐、红边较显

二、名丛		要求
外形	条索	紧结、壮实
	色泽	较带宝色或油润
	整碎	匀整
	净度	洁净
内质	香气	较锐，浓长或幽，清远
	滋味	岩韵明显、醇厚、回甘快、杯底有香气
	汤色	清澈、艳丽，呈深橙黄色
	叶底	软亮匀齐，红边或带朱砂色

三、肉桂		级别		
		特级	一级	二级
外形	条索	肥壮、紧结、沉重	较肥壮、紧结、沉重	尚紧结、卷曲、稍沉重
	色泽	油润、砂绿明，红点明显	油润、砂绿较明，红点较明显	乌润，稍带褐红色或褐绿
	整碎	匀整	较匀整	尚匀整
	净度	洁净	较洁净	尚洁净
内质	香气	浓郁持久，似有乳香或蜜桃香或桂皮香	清香幽长	清香
	滋味	醇厚鲜爽、岩韵明显	醇厚尚鲜，岩韵明	醇和岩韵略显
	汤色	金黄清澈明亮	橙黄清澈	橙黄略深
	叶底	肥厚软亮，匀齐，红边明显	软亮匀齐，红边明显	红边欠匀

四、水仙		级别			
		特级	一级	二级	三级
外形	条索	壮结	壮结	壮实	尚壮实
	色泽	油润	尚油润	稍带褐色	褐色
	整碎	匀整	匀整	较匀整	尚匀整
	净度	洁净	洁净	较洁净	尚洁净
内质	香气	浓郁鲜锐、特征明显	清香特征显	尚清纯，特征尚显	特征稍显
	滋味	浓爽鲜锐、品种特征显露、岩韵明显	醇厚、品种特征显、岩韵明显	较醇厚、品种特征尚显、岩韵尚明	浓厚、具品种特征
	汤色	金黄清澈	金黄	橙黄稍深	深黄泛红
	叶底	肥嫩软亮、红边鲜艳	肥厚软亮、红边明显	软亮、红边尚显	软亮、红边欠缺

五、奇种		级别			
		特级	一级	二级	三级
外形	条索	紧结重实	结实	尚结实	尚壮实
	色泽	翠润	油润	尚油润	尚润
	整碎	匀整	匀整	较匀整	尚匀整
	净度	洁净	洁净	较洁净	尚洁净
内质	香气	清高	清纯	尚浓	平正
	滋味	清醇甘爽、岩韵显	尚醇厚、岩韵明	尚醇正	欠醇
	汤色	金黄清澈	较金黄清澈	金黄稍深	橙黄稍深
	叶底	软亮匀齐、红边鲜艳	软亮较匀齐、红边明显	尚软亮匀整	欠匀稍亮

武夷岩茶日常品饮

众所周知，“琴棋书画诗酒茶”乃古人七大雅事，“柴米油盐酱醋茶”为如今开门七件大事。可见，茶，在中国人心目中一直占有重要的席位，从古至今，皆为日常生活和高雅志趣所追求的必备品。

武夷岩茶不仅要注意冲泡的技巧，而且要掌握品饮要领，才能领略到它那妙不可言的真趣。品饮武夷岩茶的心得体会以清代大才子袁枚写得最深刻、最具体。他写道："余向不喜武夷茶，嫌其浓苦如饮药。然丙午秋，余游武夷——到曼亭峰天游寺诸处，僧道争以茶献。杯小如胡桃，壶小如香橼，每斟无一两，上口不忍遽咽，先嗅其香，再试其味，徐徐咀嚼而体贴之，果然清香扑鼻，舌有余甘。一杯之后，再试一二杯令人释躁平矜、怡情悦性。”（《中国茶经》）袁枚是浙江人，他原本最喜欢饮家乡的龙井茶而不喜武夷茶。上述这段话不仅描述了他从不爱饮武夷岩茶，到饮后怡情悦性的过程，同时也反映出了品饮武夷岩茶的要领。

品味岩茶，与品味其他茶系不同，岩茶需要品出其中的“岩韵”。下面就教大家如何品味一杯岩茶。

一、整洁环境

品茶从古至今都是大家公认的一件雅事，茶这种清新自然的植物，将大家凝聚于一个更大的草木环境之内。为更醉心于极致的体验，建议先整洁周围环境，保持空气清新、桌面整洁，予茶一份仪式感，茶便会回馈品茶者更多的感动。

二、备水备器

“水为茶之母，器为茶之父。”一泡好茶，必然需要好水好器的配合，方能将其魅力展现到极致。因此，冲泡岩茶的水与用具需要讲究。水最好使用天然的山泉水或钙镁等矿物质含量和比例适当（钙含量≤3ppm，镁含量≤1ppm）的矿泉水，则更能激发岩茶的内含物质，使茶汤滋味丰富有骨；用具一般建议使用高密度的，容量为110~150mL的白瓷盖碗。采用这样的泡茶用具，不仅方便闻香和观察叶底状况，而且由于盖碗出水快，泡茶时间相对而言也容易掌握。

备水备器

三、投干茶

一般按照1:15~1:22的茶水比，即110mL盖碗，投茶5~7.5g；口味稍重者，可投茶8g。正岩茶因内含物质丰富，不宜太浓。

投干茶

四、注水

武夷岩茶采摘成熟叶片，经发酵、焙火等工艺制作而成，为更好地激发其正岩山场丰富的香气滋味，建议您沸水冲泡。第一道定点旋冲注水至溢出，迅速用杯盖将漂浮于盖碗表面的茶沫刮掉，并冲洗干净后，立即出汤。首道出汤时间控制在10~15s，切忌坐杯时间太久使得茶汤滋味浓重。

注水

刮沫

五、坐杯

坐杯即指茶的浸泡时间，通过浸泡时间长短的变化来控制茶汤的浓淡和耐泡程度，而坐杯时间的长短主要由茶的特性决定。按照福建地方标准DB35–T/1045—2015，《武夷岩茶冲泡与品鉴方法》，建议参考值如下：

（1）较淡：110mL容器；5g/8g投茶量；前三泡浸泡时间分别为：20∶30∶45/10∶15∶20。

（2）中等：110mL容器；8g/10g投茶量；前三泡浸泡时间分别为：20∶30∶45/10∶15∶20。

（3）较浓：110mL容器；10g/12g投茶量；前三泡浸泡时间分别为：20∶30∶45/10∶15∶20。

出汤

六、出水

出汤时应低斟出水，切忌将盖碗提拉过高，激荡茶汤。

七、分茶

常言道“斟茶须斟七分满，留有三分是情谊”，同时也是为了避免斟茶过满，洒出茶汤。

八、闻香

可通过闻干茶香（干茶在沸水温热过的盖碗中，摇香后产生的香气）、杯盖香（沸水冲泡时盖碗杯盖上的香气）、汤水香（茶汤入口与口腔充分接触后，通过味觉和嗅觉感受到的水中香）和杯底香（公道杯或品茗杯留有的香气）综合感受岩茶的香气。闻香时深深吸气，闻毕移开茶叶或杯盖后再呼气。

分茶

闻香

九、品茶

品饮时，让茶汤充分接触口腔。通过茶汤在口腔内的搅动，可以感受茶汤的纯异度、醇厚度、回甘度、持久度；区别岩茶的品种特征、地域特征和工艺特征；领略岩茶独有的“岩韵”。

品茶

武夷岩茶日常品饮进阶篇

一、岩茶风味

当我们在面对来自众多山场、不同品种，甚至不同工艺导致的各色各味岩茶时，作为日常品饮者，我们应该从哪些方面去更准确而具体地表达出对于岩茶风味的最真实体验呢？不妨试试从这个公式出发：岩茶风味=观色+闻香+品味+感受（客观+主观），以助于我们更为直观地描绘出岩茶的风味。

（一）看（观色）

视觉为人体的第一感观，在我们刚接触茶水的时候，第一时间便是看到茶汤的汤色。决定岩茶汤色形成的因素有很多种，一般来说，茶汤的颜色会随着茶叶发酵程度和火功的加重而发生不可逆的变化，这就形成了岩茶在不同的发酵程度和火功条件下，汤色的不同。通过对不同汤色的观察，看颜色的深浅和浓淡，在一定程度上，还可以作为反映茶叶内含物质以及工艺程度的一个参考。

<table>
<tr><td rowspan="5">看
通过白瓷茶具观察茶汤颜色深浅，欣赏不同因素综合作用下，茶汤颜色的美妙变幻</td><td rowspan="2">汤色</td><td colspan="2">主要形成因素</td><td rowspan="2">作用</td></tr>
<tr><td>内含物质：色素</td><td>工艺</td></tr>
<tr><td>金黄色</td><td>在鲜叶的发酵和焙火过程中，茶多酚酶促氧化形成茶黄素</td><td>发酵轻
火功轻</td><td>形成茶汤收敛性的主要成分，对亮度也起重要作用</td></tr>
<tr><td>橙黄色</td><td>茶黄素再氧化聚合成茶红素</td><td>发酵较重
火功较重</td><td>比茶黄素成分更复杂；含量太低，会导致茶汤滋味青涩</td></tr>
<tr><td>橙红色</td><td>茶黄素和茶红素共同氧化聚合成茶褐素</td><td>发酵重
火功重</td><td>茶黄素和茶红素的氧化产物；老茶汤色的决定因素，使茶汤变深红，含量过高会导致茶汤淡薄</td></tr>
</table>

（二）闻（闻香）

嗅觉能够帮助人体捕获舒适的香味气息，令人产生愉悦的心情。众所周知，乌龙茶的茶香是六大茶类中最显著的一种。岩茶作为乌龙茶类中极为独特的一类，其因山场多样、品种众多、工艺复杂等多方面的因素，综合造就了迷人复杂的香气风格和特征，形成了山场香、品种香、工艺香等多种类型的香气。这些香气同样也可以作为判断一款岩茶品质的参考。因此，用嗅觉去认真感受岩茶的芬芳，意义也十分重大。

<table>
<tr><td rowspan="6">闻
轻嗅茶汤、叶底、杯底的香味，感受岩茶芬芳迷人的香气</td><td>香气</td><td>类别</td><td colspan="2">主要形成因素</td></tr>
<tr><td>地域香</td><td>不同山场所产的岩茶都有其生长山场不同风格的香</td><td colspan="2">不同山场微域环境的差异：
1. 土壤结构；2. 光照；3. 温度；4. 湿度</td></tr>
<tr><td>品种香</td><td>来自茶叶本身，每种岩茶都会带有自身特定的品种香</td><td colspan="2">由每种茶叶本身所含的不同芳香物质含量及浓度决定</td></tr>
<tr><td rowspan="3">工艺香</td><td>花香</td><td rowspan="3">1. 在萎凋、做青过程中，香气化合物水解游离出来，如橙花叔醇、香叶醇、芳樟醇等
2. 在发酵、做青过程中，发生脂质降解作用，产生醛类、醇类、酸类等花香、甜香物质
3. 在杀青、烘焙等高温条件下，发生热效应作用，产生焦香、甜香物质</td><td>发酵轻
火功轻</td></tr>
<tr><td>果香</td><td>发酵较重
火功中足</td></tr>
<tr><td>焦糖香</td><td>发酵重
火功足</td></tr>
</table>

（三）品（品味）

味觉是对各种茶中呈味物质的综合反应。当我们去品味一杯茶时，应啜饮茶汤，使茶汤与口腔充分接触，用最实际的皮肤触感和滋味体验来感受茶汤最真实的风味。

<table>
<tr><td rowspan="5">品
体会岩茶丰富多变的滋味</td><td>滋味</td><td>舌头主要感觉部位</td><td>主要形成因素</td><td>主要作用</td></tr>
<tr><td>涩</td><td>舌头两侧</td><td>茶叶中含有48%呈涩味的茶多酚（儿茶素、黄酮类、绿原酸、花色素等）</td><td>茶多酚类物质：茶叶主要药效成分，可清除自由基抗氧化、能化解酒精、抑制“三高”、抗癌肿、抗辐射、抗衰老、健美肌体</td></tr>
<tr><td>苦</td><td>舌根</td><td>茶叶中含有呈10%苦味的生物碱（咖啡碱、可可碱、茶叶碱等）</td><td>生物碱类物质：强化神经系统、提神醒脑、促进消化、缓解肌肉疲劳，能够与茶内其他物质结合消除咖啡碱副作用</td></tr>
<tr><td>鲜爽</td><td>舌尖及舌头两侧</td><td>茶叶中含有15%呈鲜爽味的氨基酸（茶氨酸、茶黄素、琥珀酸等）</td><td>氨基酸类物质：增加记忆力、使人平静放松、保护神经细胞、降血压、提高免疫力</td></tr>
<tr><td>甜</td><td>舌尖</td><td>茶叶中含有呈甜味的糖类物质（可溶性糖、茶红素、氨基酸等）</td><td>岩茶糖类物质：防辐射、改善造血功能、保护血相、增强机体免疫力、降血糖、抗凝血</td></tr>
</table>

（四）感（口感+感觉）

个人感受是对身体感观的一个综合反应，其不仅在于茶给身体带来的真实感受，还在于人们心理层面的因素。就像人们常说：“好茶不一定适合自己，但适合自己的、自己所喜欢的茶，对于自身而言，就是一款好茶。”因而，品茶后所感受到的状态就显得更为重要。在日常品饮的过程中，便可以从以下两个方向出发去感受。

<table>
<tr><td rowspan="6">感
说出喝茶时的客观口感+内心感觉</td><td rowspan="5">客观口感</td><td>苦涩</td><td rowspan="5">形成原因</td><td>茶多酚、咖啡碱；涩，口腔内皮层产生皱褶的感觉，干涩、颗粒感、粗糙感</td></tr>
<tr><td>回甘</td><td>口腔类茶多酚跟蛋白质结合的结果。先涩，有分子膜，破裂后收敛性转化</td></tr>
<tr><td>辛辣</td><td>主要是茶皂素作用，也是由于品种特征（如肉桂）</td></tr>
<tr><td>醇厚</td><td>内含物质丰富，唾液中酶促进分解的物质越充分，口感就越浓厚</td></tr>
<tr><td>陈味</td><td>游离脂肪酸；陈放方式得当、时间较长、转化较好</td></tr>
<tr><td>内心感觉</td><td colspan="3">影响人们内心主观感受的因素有很多，如喝茶时周围的环境、个人的口味、心情、状态，以及独特的经历、故事不同，都会导致我们在面临不同茶的时候，做出不同的选择。那到底什么才是适合自己茶呢？内心感觉，便会给你最真实的答案</td></tr>
</table>

二、品味风情

（一）品味稀缺性

我国茶类分布范围较广，大多遍布于全国各地，产茶面积大，产茶数量多，绿茶年产量就高达170万吨左右。而真正的核心产区生产的武夷岩茶，仅产于福建武夷山风景区这块60km²的丹霞山脉，年产量仅达几百吨，产茶少而精，数量稀少，品质珍贵。而且国家公园武夷山5A级风景区作为中国第一批双世遗产地，其奇特的丹霞地貌和优质的水域资源这一得天独厚的生态环境，促使武夷岩茶具有了“岩骨花香”。

（二）品味独特性

虽然武夷岩茶核心产区武夷山风景区产茶面积只有60km²，但是武夷山堪称种质资源库和品种王国，其茶树品种资源丰富且良种繁多，可达千种，其丰富性这一点也是其他茶类所不具备的。因此，武夷岩茶的口感风味非常多样化且丰富有趣，符合不同人的追求，品鉴意义极高。它芬芳似兰、味中有香、甘润、鲜滑、厚重滑爽，回味无穷，饮后齿颊留香。它不是花却芬芳迷人，不是蜜却甘润可口，不是泉露却清澈爽朗，它凭着天然真味的绝妙口感，赢得了世人的青睐，从而获得大量好评。

（三）品味工艺

武夷岩茶的加工工艺，是我国各种茶类加工技艺之中，第一批被评为非遗制作技艺的项目。其中每个工序间环环相扣，操作细致，变化复杂，作用多样化；并且工序耗时长，对于岩茶原料品质及制茶师技艺、体力、综合协调判断能力等要求都非常高。在这种精练的手工技艺打磨之下，武夷岩茶的品质在众多茶类之中更是突出，它有火而不燥，珍贵而不娇，在本质与雕刻默契结合之后，便拥有了最为中和通透的半发酵宝贵特性，值得品味。

保护区碑

在制茶的陈老师

（四）品味功效

茶叶在我国最早作为药物使用，早在《神农本草经》中就有关于茶叶药理功效的记载："日遇七十二毒，得茶而解之"。唐代茶圣陆羽在《茶经》一书中也记载了许多关于茶的功效，乃至医圣张仲景在《伤寒论》中也曾有言："茶治脓血甚效"。直至当今社会，人们在长期的实践中仍然不断地挖掘和拓宽着茶叶中各种有效成分对人体的保健作用，证明其对于抗病毒、增强免疫力、脑损伤保护、降"三高"、抗癌、减肥、解酒、养颜祛斑等都具有一定的效果。

老丛茶树

2003年，在中国《大众医学》中，茶叶被评定为"十大健康食品"之一。美国的《时代》杂志都将茶叶作为最好的营养食品去推荐，德国的《焦点》杂志更是将茶叶列为十大健康长寿食品。

在所有茶类中，岩茶生长环境颇为优渥，内含营养物质丰厚，且属于半发酵茶，茶性不寒不火，温和不伤胃，同时活性内含物质丰富，最适久饮，对人体具有重要的保健和药用价值。茶不能治病，但可防病，它不是药，但胜似药，它能以最健康的状态和疗效，给身心带来一场治愈。

（五）品味文化底蕴

武夷山所产的武夷岩茶至今已有1500年。据史料记载，商周时期，“濮闽族”的军长就把武夷岩茶作为贡品进献给周武王；西汉时期，武夷岩茶初具盛名；唐宋时期，饮茶风尚盛行，武夷岩茶被作为馈赠佳品；元朝时期，武夷岩茶正式成为“贡品”，并在武夷山设置有“焙局”“御茶园”，武夷岩茶成为朝廷专供，扩大了武夷岩茶的影响；在清朝时期，武夷岩茶便开始了全面的发展；17世纪开始远销西欧、北美和南洋诸国，欧洲人曾把它当作中国茶叶总称；19世纪20年代，在亚、非、美州的一些国家试种，至今已在30多个国家安家落户；

天心永乐禅寺一角

20世纪80年代，武夷岩茶又风靡日本，被视作健美茶而迷倒无数佳丽。

不仅如此，武夷山还是我国儒、释、道“三教合一”文化的典型代表地域。这里不仅积淀了丰厚的佛教文化底蕴，还是道教内丹派南宗与符篆派神霄宗的祖庭、发祥地和朱子理学的摇篮。其丰富的历史文化内涵及武夷岩茶的传奇故事和文人名士赞美武夷岩茶的脍炙人口的诗词等，一致体现出了武夷岩茶的自然属性和人文因素，都富有传奇文学色彩。从而，武夷岩茶文化也成为武夷山“世界文化遗产”的重要内容之一，为品味岩茶丰厚的底韵气质又增添了几分耐人寻味的雅致人文色彩。

天心永乐禅寺

（六）品味历史

武夷岩茶自明末清初以来，便被作为御茶园贡品，专供皇室饮用，包括乾隆皇帝在内都对其有嘉奖。历朝历代以来，达官显贵、社会名流、文人墨客对其赞美不绝，很多关于咏颂武夷岩茶的文学作品都流传于世，均被视作茶界珍品。武夷岩茶以香气馥郁持久、滋味浓郁醇厚、香滑回甘、回味悠长饮誉中外，成为乌龙茶中的珍品。当年毛泽东主席曾将200g大红袍称为“半壁江山”赠给访华的美国总统尼克松，“大红袍”从而成为中美建交的传奇礼品。现任中国外交部长王毅，也曾评论说：“大红袍，天下第一。”由此可见其自古以来的品质之绝，受到社会赏识度之高。

摩崖石刻

武夷岩茶存放陈年

就如在葡萄酒中，大部分专业品酒师都认同的观念：一瓶精彩的珍酿必须要具备可以陈年的潜力，这其中就包含着人们对于时间永恒价值的追求与热情。明末清初，周亮工在说茶名诗《闽茶曲》中曾有言：“藏得深红三倍价，家家卖弄隔年陈。”同样是在强调岩茶与时间的故事。在岩茶之中，树龄较大的茶树被称为“老丛”；成茶在适当的存储环境中长期存放即为“老茶”。

一、树龄

一般将10年以下的茶树称为新丛，尤其扦插品种根茎不是很深，新丛生长势旺盛，代谢力强，制作出来的茶，口感上有白花、青绿水果的香味。这样小树龄的茶，适合做成轻焙火的乌龙茶，茶味香气浓郁，滋味强烈，鲜锐。

10~70年为壮年期：此时便开始进入全盛时期，在土壤中扎根更深，能够吸附更多土壤内丰富的营养物质。此时的鲜叶无论内质或者香气都十分丰富，因此更为适合稍重火功，使内含物质在焙火中发生转化和融合。其制成茶综合性高，鲜度降低，锐度减弱，酚类物质合成少，香气浓度减弱，其他物质增加，纯度更高，甜度增加，厚度更好，滋味浓爽、醇厚。

老丛茶树

70年以上则称为“老丛”：老龄期茶树虽然产量递减，但营养物质含量却更为集中且丰厚，需格外注意养护。若制作得当，则属茶中极品。此时代谢力偏弱，滋味不浓。香气清新，天真，滋味达到了一种最适中而和谐的味道，纯而不淡，厚而不浓，以醇为主，汤水甘甜度好，滋味鲜醇、清厚，内含物质平衡，药用价值高。

老丛

二、存放时间

品质好的岩茶，在适当的储藏条件下，随着储存年份的增加，也会散发出有别于年轻时候的奇妙滋味。类似于葡萄酒，在年轻的时候，由于酒体含有较多酚类物质，单宁含量高，虽是耐久存的保障，但在过于年轻时就开瓶品尝，会感到非常涩口，难以入喉。而经过数年的瓶中熟成之后，达到适应期，陈年的葡萄酒便产生了更多丰富的香气和滋味，拥有了更圆融和谐的口感，变得愈发迷人。

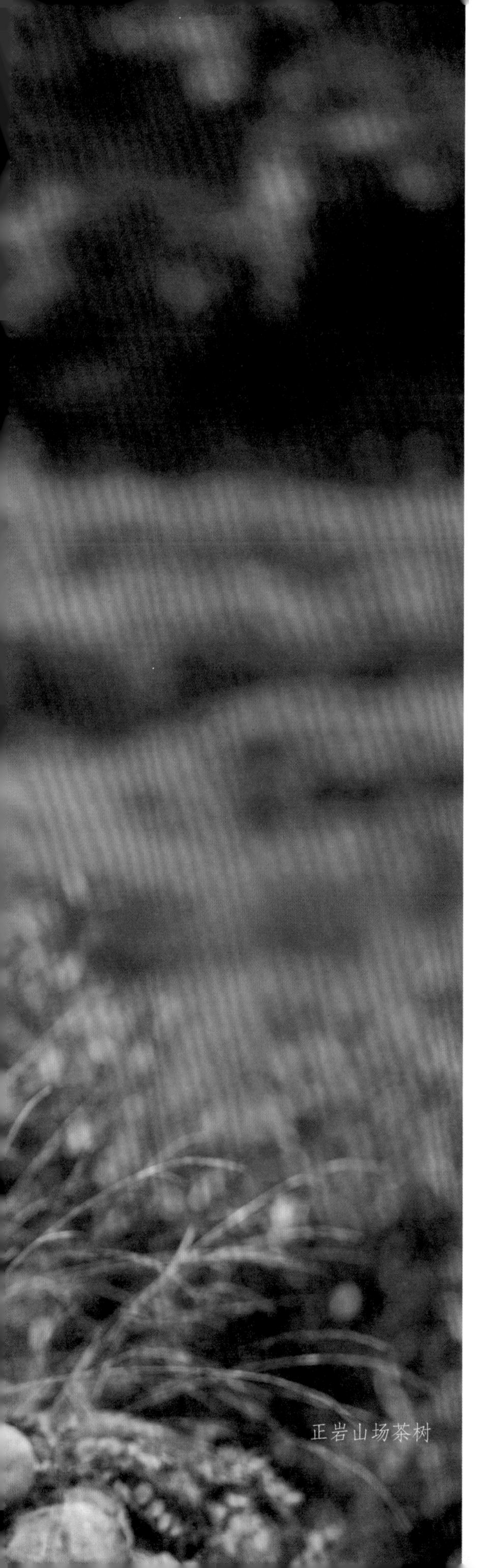

岩茶亦是如此，由于要历经纷繁复杂的焙火工艺，刚焙完火或储放时间不够1年的岩茶，通常显现的是自身品种在新鲜期内本应带有的风味品质，犹如未经世事的少年，带有横冲直撞的热情火功味，滋味活泼而又刺激。而随着时间的推移，它的风味便开始呈现出不同曲线的梯度变化，其主要原因是茶叶内茶多酚、咖啡因、茶氨酸、黄酮类等主要内含物质的转变。

研究表明，随着储存时间增加，茶中主要内含物质会随之转变：

（1）茶多酚（70%为儿茶素）作为茶中涩味主要来源，会随着时间的增加而逐渐氧化，茶汤的涩感和收敛感显著降低。

（2）影响茶汤中苦味口感的咖啡因随时间推移也会减少，这也是老茶对于神经的刺激感相对温和的原因。

（3）对茶汤鲜爽味起主要作用的氨基酸，在贮藏过程中呈直线下降趋势，茶汤的醇厚度随之不断增加。

（4）多酚类物质结构发生了转化，促进了具有抗氧化、抗菌、降血脂等功能的黄酮类物质形成。

因此，新茶一般以鲜香、清新的味道为主，不论是清香型还是浓香型，一定带有鲜甜的味道。随着时间的增加，第一步是鲜香减少，第二步就是酸味有所增加。正常来说，这种酸味多出现在贮藏年份较久的老茶之中，通常称为“酸期”。这是因为茶叶在贮藏过程之中，脂类物质的水解和自动氧化。这种酸味在口感上一般都是可以接受的，并且能够更好地衬托汤水的回甘和甜味，使茶更有韵味，更具品鉴意义。继续存放一段时间后，酸味会自行消失，直至转为老茶的口感风味特点，直至带点儿酸、带点儿禅的味道，滋味更圆润醇和，而少了新茶那种浓郁强烈的感觉，从而赋予岩茶更多奇特丰富的口感，给予我们更美妙的品茶体验。

三、老茶价值

武夷岩茶为皇家御品，保存好的陈茶年数越长，药用价值也会更高。古人云："陈年岩茶贵似金"。武夷岩茶属半发酵茶，传统焙火的岩茶火功较高，焙好后立饮，火气未除会有燥感，因此一般要存放一长段时间，使口味变得更醇和。制茶的人家都以拥有老茶为荣，老茶还能卖出新茶三倍的价钱。

品质好的老茶通常会视具体情况而进行复焙，口感润滑，沉香醇厚、回甘显、耐冲泡，饮后令人心旷神怡。汉代《神农本草经》中曾记载："神农尝百草，日遇七十二毒，得荼而解之。""荼"也就是现在的"茶"，最早是被作药用。而老茶随着火气的渐渐退去，柔顺甘甜，醇厚丰富，则更是引入民间"济世疗疾"，朱熹曾称之为"草泽高人"佳茗。常饮老茶，有降血压、化痰、暖胃、防癌、活血通络、消食减肥、明目安神等功效。

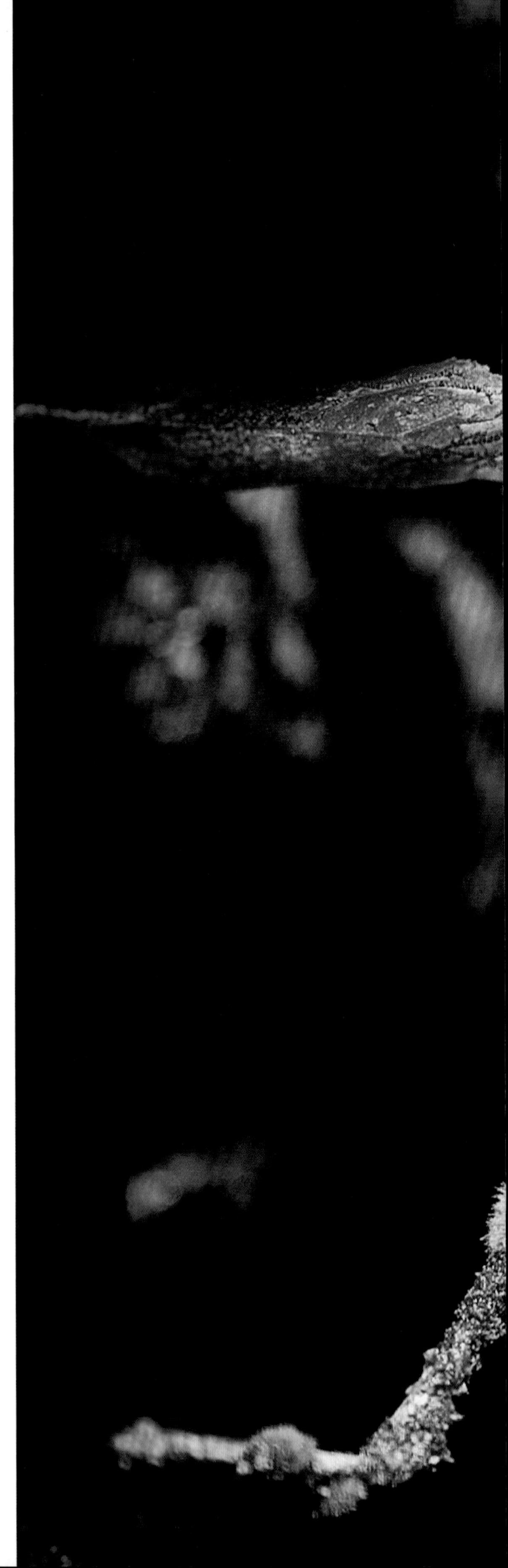

流

摩崖石刻

四、存放条件

关于老茶的美誉固然诸多，但并不是所有存放时间久的老茶都是好茶。真正好的老茶是指焙火等工艺到位，本身品质足够好，茶叶内含物质丰富，口感厚重，且随着时间的不断推移，口感更醇和，层次感更强，且会令人回味无穷的质量好和风味佳的茶。

在存放的过程之中，由于茶叶极易吸湿气、吸异味，高温及充足氧气条件下，茶叶会加速内含物质的变化，降低品质。所以即使是品质好的茶，也需要很好的贮藏条件：防潮、防晒、阴凉、通风、干燥、洁净、无虫类、无异味的洁净场所。茶叶长时间储存后的质量与环境、茶量、时间长短等都有很大关系，其中存在很多的不可控因素，都会对茶叶品质造成一定影响。所以建议大家存茶得法，在适饮期内品饮，不负每一盏茶的滋味。

第七章　制茶周记

品石流香 · 茶技传薪

四月·第一周　不负春光，寻茶而去

沉寂了一个漫长冬日后，温柔的春阳洒满万物，一瞬间便抹去了这世间的阴晦和昏沉。整个世界都焕发了生机，一派欣欣向荣的景象，而茶，正是春天的本韵。

茶，是一段悠然旅程。从冷峻高纬的无茶之地，到烟雨江南的名茶产区；从对茶的期盼，到创造属于自己的茶；若可东方在寻茶之旅中，步履不停，寻找传统、寻找希望，直至停驻于武夷山这片孕育岩茶之净土，动容至极。因而提笔，愿描绘出这趟茶旅中的一切美好，缓缓分享。

一、出发的意义

武夷岩茶因其独特的地理风貌，经几百年的沉淀与变迁，可以说是将中国茶的山场、品种和工

武夷山

艺发展到极致巅峰的一类茶。如果说中国茶的玩法中有哪些可以与西方红酒相抗衡的，私以为，定然是武夷岩茶。

岩茶既是一门功夫，也是一门学问。茶圈中有句话：学茶，一定要去茶山。要学得茶之本味，必先追溯其生长之源。因为只有这样，你才能够学会辨别茶的好坏，学会对茶的精准把握。这既是一种外在形式，更是一种内在修为。茶如人一般，你越了解它，便越能与之亲和。

岩茶更是如是，只有亲临武夷山，才能切身感受手捧之茗于天地间初次绽放的喜悦，才能望见孕育一叶碧绿在风中摇曳时所刻画的奇山秀水，才能为激荡每一缕茶香的沸水欣然动容。

怀揣着一颗对岩茶心怀爱慕而畏敬的探究竟之心，若可东方于大好春朝来到了武夷山天心村——武夷山唯一制作正岩茶的特殊村落，跟随当地“陈”姓制茶家族的第六代传人——陈德平老师，开始长达9个月的研茶之旅，只为了一份对岩茶的坚守和痴迷。

二、你好，武夷山

位于武夷山市区内的武夷山国家5A级旅游景区（以下统称“武夷山”），是武夷岩茶的核心产区，总面积仅有60km^{2}左右，其不仅是“世界自然与文化双重遗产”，同时还享有“国家公园”的美誉。此产区之崇高，相当于葡萄酒界的勃艮第。

武夷多山，一座座黝黑的山峰，隔着一条崇阳溪，在城区的人间烟火旁拔地而起。原本极尽粗粝的丹霞岩体，浸润在山间溪涧和雨雾里，生出叠青苔、野草、灌木、茶园，将粗犷与清秀结合得格外完美。岩茶名字的由来则正是因为它生长在这样独特的岩石之上，所谓“岩岩有茶，非岩不茶”。

武夷山河流众多，九曲溪、崇阳溪、黄柏溪等多条河流贯穿境内，将武夷山正岩区相隔而成拥有各自独特微域气候又无不关联的若干“山场”。由于山场的不同，其岩茶品种繁多，且口味各具风韵。其景观之独特，凡是过目之人，皆难以忘却。这一心境，正如著名文学家刘白羽所言：“武夷占尽人间美。”

武夷山风景区

武夷山盆栽式茶园

三、山场设席，春水煮茶

仲春之月，山光烂漫。晨间，于陈老师的带领下，我们一起前往他从小长大的地方——马头岩，亦是正岩茶核心产地之一。走过陡峭山路，欣然迎着这一路的草木，便了然了陈老师眼中那浓融的情感，时光不语，印满流年。

20世纪70年代末，由于肉桂的亩产量高，政府给予农户一定的补贴鼓励种植肉桂，所以很多茶农砍去其他名丛而种上肉桂，陈氏家族亦开荒于马头岩，深深参与到时代的洪流之中。马头岩区域内的土壤含砂砾量较多，土层较厚却疏松，通气性好，有利于排水，且岩谷陡崖，岩岗上开阔，夏季日照适中，冬挡冷风，谷底渗水细流，周围植被较好，形成独特的正岩茶必须的条件。独特的地貌造就了马头岩肉桂辛锐的桂皮香气和醇滑甘润的口感。时至今日，“马肉”已经成为武夷肉桂的三支重要的代表之一。

马头岩山场

马头岩的范围，东起大王峰，南起天游峰，西起三仰峰，北起大红袍景区（九龙窠），一片雅致，临近雅景，兴致尚好，于是便效仿古人，于石峰顶处端坐，望着马头岩的青葱茶园，摆上一宴茶席。赏茶汤“滚到浪花深处”，品茶滋“两腋清风，兴满烟霞”，忆阑珊“独坐思往昔，愁绝泪盈襟”。清流白云、绿鲜苍苔，素手汲泉，飘然若仙。

马头岩磊石精舍

马头岩山顶布席品茶

四月·第二周　人间四月天，万物皆可期

岁月在春光中苏醒，武夷山这片属于茶叶的世外桃源，也于人间四月天，被自然赋予了一场温柔慰藉。趁载着春风，踏入岩茶村，脚步轻盈，充满期冀。

一、师之茶韵，怡然心间

陈老师家的新茶厂

武夷人的早晨，通常是伴着一盏岩茶茶汤的入喉开始。汤面浮起的腾腾热气于晨曦中氤氲，开启了能用味蕾体验到的美好一天。早茶过后，便沐浴春阳，踱步茶厂周旁。

陈老师家的新茶厂，于去年从武夷山景区内的著名天心岩茶村迁至现在的海丝茶业文创园内。茶

徐老师抚琴

陈老师写生

厂布局井然有序，似单栋别墅般的茶厂黛瓦白壁，周旁有茂盛大树林立，如坚守的护卫，为缕缕茶香遮阳挡雨。

与这份怡然相得益彰的，是老师们平日恬然的生活状态。虽为茶人，但陈老师不仅是制茶技艺传人，还曾担任高中美术老师，他最爱绘画山水田园；陈老师的夫人徐老师，娴雅安静，研学古琴长达10年，对艺术颇有一番自己的独特追求。师者将如此雅致的精神和艺术造诣融于茶中，便赋予了岩茶更多的人文情怀，使手作之茶在为人们带来口感体验的同时，也连缀出了琴棋书画的风雅超然。一碗热茶下喉，便能悟到其中蕴含的，不仅是茶滋妙味，更多的是其百折千转之韵。

人与人之间的缘分，就是由这么一杯热气氤氲的岩茶相连。真正的茶人，深知这袅袅茶汤美好的源头，不仅在于双手，而更在于心间。

二、老茶相伴，美好萦绕

暴增的幸福感，源于陪着陈老师在老厂清点库存后的收获，虽然累到气喘吁吁，但品味老茶足以拯救一身疲惫。目视陈老师装好的三盖碗茶，双眼发光，暗自搓手期待。

第一盏：2009年铁罗汉。作为武夷岩茶四大名丛之一的铁罗汉，外加悠长岁月的转换，是岩茶中不可多得的门面担当，更何况是陈老师的私人珍藏，定是珍馐。揭开盖碗，扑鼻而来的是属于老茶那份独特的梅子香，入口木质香，滋味浓醇，细腻协调，后调变换极为丰富，十泡有余，雅香依存。

2009 年铁罗汉

第二盏：2013年北斗。原产武夷山市名峰北斗峰，是武夷珍贵名丛之一，是一款非常有性格的茶。它幽香细腻、滋味醇厚且极富韵味，几口下去，背脊冒汗，全身舒爽。

2013 年北斗

第三盏：1998年老丛。这泡茶格外独特，出汤色竟似红酒般透亮，入口柔顺细腻，带有专属经年老茶如灵芝般的韵味、岁月礼赠的那份醇厚感，抵达喉间便转换成无尽的回甘，久久于口腔之中环绕不散。仿佛一位沉着老者，向你缓缓道来有关时间的变迁。

三盏茶过后，人静心寂，脸上默契地浮现了被茶水治愈后格外满足的笑脸，沉醉其中，在心里暗自期许：这些有好茶相伴、有美好萦绕的日子，能久一些、再久一些……

1998 年老丛

三、思先于行，着手准备

春阳轻柔地搭载在天地方寸之间。起了个大早，却发现陈老师早已在认真清理焙茶间的落灰，边边角角亦不曾放过，一切都预示着一年最重要的时候——采茶季的到来。

心有所归，心有所向，心有所爱，为能更好地了解岩茶，更好地分享这份美好，我决定沉浸式地参与每个与茶有关的小细节。

茶筛清洗前

小萬在冲洗茶筛

在陈老师的指导之下，我当起了茶厂帮手。为给即将采摘的春茶新叶腾位置，需要把放置于茶厂一楼的精制成茶进行匀堆、装箱，再用电梯将其运至三楼。运送完后，我又撸起衣袖，开始了所有茶筛的清洗工作。虽听起来容易，但过程非常耗时。首先，需要用到高压水枪对每个茶筛正反面都进行全面冲刷去灰；其次，用干净的毛巾反复擦拭茶筛，直至完全干净为止；最终，将茶筛分开晾至铁架上通风晾干后，方能收起来。

整理好这些茶筛之后，太阳已经悄悄地落山了，相互笑着打趣说："用这么干净的茶筛做茶，滋味肯定更香！"夕阳余晖之下，我们的身影被橙红霞光温柔投射于地，颇有一番脚踏实地的真实感，连空气中也弥漫着忙碌完后暂得松闲的欢愉因子。

小可在整理茶筛

清洗干净待晾干的茶筛

四月·第三周　正逢清明连谷雨，一杯香茗坐其间

东风吹来，春雨如膏。与其他茶类早在三月伊始就已开采得沸沸扬扬的热闹场景不同，武夷岩茶于奇秀丹霞地貌上，云雾暖阳中，静缓生长着。谷雨将近，一丛丛的鲜翠茶叶在风中摇曳，舒展着新嫩通透的枝芽，仿佛在向人们欢诉，这个属于它们的美好季节的到来。

一、喊山祭茶，迎接开采

许次纾在《茶疏》中，写到岩茶采摘时间：“清明太早，立夏太迟，谷雨前后，其时适中。”本周就要谷雨，一年一度的岩茶季，也将到来。就像电影正式开拍前要举行开机仪式般，今日晴空万里，暖阳普照，武夷山市政府于大红袍母树所在地九龙窠，举办了神圣的开采仪式：喊山。茶农们站在“喊山台”旁，双手举至嘴边，面向茶山齐声高喊3遍“采茶喽”！“茶丰收喽”！此起彼伏的喊山声，回荡在山涧溪流、层层茶园之间，标志着武夷岩茶正式准备开采。

这一习俗，随元代武夷山建立御茶园后，便被设为一种官方活动延传至今。在阵阵吆喊声中经年传承的历史文化活动，历经百年岁月长河洗涤，变化的，是根据具体气象而调整的喊山日期；不变的，是武夷人对岩茶永怀的敬爱。

山场问茶

二、春江水暖，早茶先知

被如八卦记者般的我们询问多日的岩茶早茶，今日终于可以开采了。由于每种茶的生长节奏不一样，有得快些，有得慢些，像老丛水仙、肉桂、奇兰这种要等到五月份才能采摘。诚然，岩茶的采摘制作流程极为复杂，各类细节也十分讲究。

岩茶采摘标准

采摘，作为从源头上保证茶叶质量的第一道流程，显得格外重要。首先，采摘原则，有“三不采”：露水青不采、雨水青不采、太阳下山后不采。但雨水青又得分情况来定，若茶叶已有老之趋势，那就不能等了，采下为妙；如果茶叶还嫩着，那就可以再等天晴再采。按采摘时间段来说，以一日之内朝雾方开，阳光照射之时起，至午后一二时为最佳。按采摘标准来说，要等到茶树新梢芽叶伸育均臻完熟开面，形成驻芽后采一芽3~4叶，以较厚实的中开面最为适合，不然经不起后续一系列复杂的制作工艺。按采摘方法来说，手掌应向内，用拇指指头和食指第一节相合，以拇指指间之力，将茶叶轻轻摘断，且过程中需避免折断、破伤、散叶、热变等现象的出现。微风拂来，可闻见空气中弥漫的是鲜叶未经雕琢的飘然清味，如清澈明朗的赤子，满身都是混然天成的悠扬气质。

新鲜采摘的岩茶鲜叶

晒青时，陈老师、徐老师、连厂长在查看鲜叶状态，脸上笑意欣然

三、工艺细枝末节的注重，成就岩茶品质的非凡

刚采摘好的鲜叶，一刻都不能搁置。陈老师叮嘱我们："对待这些茶叶，就要像对待自己孩子一样，整个过程都要格外细致谨慎。"每一叶茶，都是鲜活的生命，每一个细枝末节的变化，它都能感知到。铭记陈老师的制茶理念后，我们便开始了一系列复杂的粗制工序：萎凋、做青、炒青、揉捻、初焙。

萎凋：包括晒青和晾青两个部分，主要是使茶青初次走水变软。初采后进行萎凋的茶叶，最为鲜嫩。陈老师说，按照岩茶制作标准，鲜叶堆积稍久就容易升温发生质变，而一旦有茶叶发生质变，那么同置一起的茶叶品质都会受到影响，要做降级处理。因此整个过程之中，大家都格外小心翼翼。等候多时的师傅们接到茶青后，便立马将其均匀整平铺在干净白布上摊晾，进行晒青。

晒青时，陈老师、徐老师、连厂长在查看鲜叶状态，脸上笑意欣然。青叶晒青完后，便立马开始分筛、传递、摆放至晾青架进行晾青。整个过程衔接迅速且自然，若稍有耽搁或下手稍重，则都有可能影响到茶叶品质的形成。

陈老师与制茶长达60年余年的父亲陈植清，在默契地进行青叶的开筛

鲜叶经晒青后，整齐置于晾青间晾青

临近深夜，乌龙茶半发酵的特征初显：绿叶红镶边

做青：是决定茶叶品质好坏的重要环节。青叶在做青机中翻动，叶缘相互碰撞摩擦，细胞组织得到破坏，经过走水、发酵而激发岩茶芳香物质，使之形成岩茶“绿叶红镶边”的独特特征。

茶厂今日采摘青叶达5000斤，由于茶量大，人工手做太不现实，于是利用机器制作。用机器制茶，若监控得当，同样能做出好茶。陈老师说，做青是没有准确时间的，即使是机器制作，也必须得时刻观察青叶的变化状态，边思考边调整，所谓“看青做青”。

历经一整天不停歇的萎凋工序完备后，做青开始已近午夜转钟，2020年岩茶制作的第一个不眠之夜，就此开始。浓浓茶香于屋内四处飘散，比起疲惫，更多的是对此刻岩茶散发出高雅香味的迷恋。

炒青程序的开始，已是凌晨三点。

炒青：也称“杀青”，利用高温中止发酵，使做青后的茶叶品质稳定，香气更纯。同时，还起到一个果胶质的溢出作用，增加茶的滑度。夜雨朝静寂宁和的武夷山洒向一阵不断的淅淅沥沥，制茶机也于黑夜中不停歇地发出轰隆声与其交相应和。它们，似乎也在与时间奋力赛跑，用一颗赤诚之心，想要将每片叶子以最佳状态送达茶客手中。

揉捻：不仅是塑造武夷岩茶成形的一个过程，也是武夷岩茶形成优良内质的一道重要工序。武夷岩茶制作技艺中的揉捻是将已经适度杀青过后的青叶进行一定程度的加压揉捻，这一道工序一般控制时间在10~15min。在揉捻的过程中，适当温度的杀青，叶由舒展状态慢慢破碎，茶叶汁液溢出后使得茶叶均匀黏附成条索状。

岩茶制作中不可避免的不眠之夜

看青做青：通过看青叶的状态、闻青叶的香气，判断做青的程度

凌晨三点，炒青师傅在静察茶叶炒青状态

初焙过程需要将茶反复烘焙，直至烘干。

初焙：俗称“走水焙”，是毛茶初制阶段的最后一个步骤。通过高温焙火使茶叶彻底失去水分，避免水中氧气促进茶叶内部酶使茶叶迅速变质。其耗时之久，不可估量。此外，等候一两个月后，还要开始岩茶的精制程序。从而可见，岩茶制作，不仅需要极富经验的专业制作技巧，同时也是对精力和体力的巨大考验。

小萬在跟着陈老师学习岩茶烘焙过程于凌晨察看做青茶叶状态时，问过陈老师，岩茶制作工艺这么复杂，只要有茶就要通宵，会不会很累？他却只是俯身捧起一叠茶，像在对待一件宝贵的工艺品，认真轻嗅过后，淡然地笑着说：“要是熬一夜能够在几十个做青桶中做出两桶满意的茶，那么，再累也都非常值得。”

师者匠心，为打磨出一件茶之艺术品，他们从不言劳累，只为将岩茶最好的一面展现；而一片岩茶鲜叶，也于纷繁工艺中，经过水与火、生与死的反复历练，只为来到爱茶人手中。我们相信，这其中所交含的，是人与自然最妙不可言的契合。

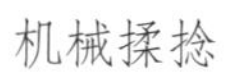
机械揉捻

凌晨四点，小郑师傅在将揉捻好的茶叶放进焙箱中

小萸在跟着陈老师学习岩茶烘焙过程

四月·第四周　江南无所有，聊赠一枝春

雨生百谷，万物更新。春未逝，夏将至，光阴正好。此时茶香四溢的岩茶村，每家每户都有做茶，似乎在与时间争分夺秒地赛跑，只为将这大好春朝制成美妙茶方，与大家共同分享。

一、星星点灯夜，初观手工制茶

武夷岩茶手工制作技艺，是中国首批国家级非遗名录中，唯一的茶类制作技艺。其流程极具烦琐复杂。因此，岩茶季对于制茶师傅们来说，就是漫长的不眠之月。

采摘好的茶青往往在萎凋完备后，于深夜才得以开始炒青、揉捻。凌晨一两点，星星在漆黑夜空中垂挂着发亮，老师们开始进行小部分手工制茶，我们便也参与其中。

岩茶手工炒青，通过高温使茶叶走水，稳定茶在做青阶段已形成的最初品质。首先，需将茶青投入干净炒青灶中用手按住，往回挪到身前再翻起，根据茶青的具体状态，如此循环5分

传统手工炒青

钟左右。其间要注意双手并拢，防止茶青漏掉，使茶青均匀受炒。由于炒青时，灶台温度过高，所以需谨慎操作，否则容易将双手烫伤或烫肿。陈老师他们全程动作连贯顺畅、娴熟自然且双手无恙，可见，是其六代人经年的传承，自然已刻画于他们的每一寸肌骨里。

炒青至青叶柔软水汽显白后即可起锅，开始分茶青进行手工揉捻，使叶片中的胶质溢出至表面，增加茶的滑度，起到出味效果。每一筛茶，都需要把全身的力气汇集于手心后，左右两手反复交叉，大力将其揉推约4min，非常辛苦。此外，还需视情况重复这两个步骤，“复揉”和“复炒”后，方可移入焙间进行烘焙。

传统手工揉捻

不到一斤的茶青，历经手工炒青和揉捻过后，已是凌晨三点多。看着眼前叶片不同以往的模样，感觉很奇妙。它原是山野间的一片普通的嫩叶，短暂的日夜轮回后，便化作春泥消逝，却在与人亲和，被人精细雕琢之后，得以永驻芳华。你看，时间不说话，却将一切美好赋予其间。

叶缘通过摇青叶片碰撞破损，氧化后形成“红边”现象

二、捧一盏热茶，赏千姿百态

黄昏过后，云卷缱绻，晚霞酡红如醉。武夷山此刻的天空，像是一封手写的情书，展信于天地之间，格外倾城。见如此美景，陈老师兴致勃勃地拿出了两泡马头岩肉桂，让大家品品，谈谈感受。

“相同山场、相同品种的茶，味道会有什么差异呢？”我们带着问题，围桌而坐。壶中的高冲水流，将干茶在盖碗中冲腾翻转，空气中专属马头岩的高香渐渐弥漫开来，疑惑随之解开。

第一泡“马肉”，汤色橙红透亮，香气馥郁优雅，入口润滑，滋味醇厚且回甘迅速，像一个阅历丰富的知性姐姐，用最温柔的语调诉说着最惊奇的际遇，能让你在沉醉之间，被其无意流露的气质所打动。

第二泡“马肉”，较第一泡马肉而言，香气更高扬，汤色橙黄透亮，茶汤丰富内含物质显现的颗粒感带着一股不羁少年的横冲直撞，入喉便能领悟其高调的宣扬。

第一泡“马肉”

第二泡“马肉”

这两泡来自同样产地的同品种岩茶，其生长微域环境、制作工艺、存放年份等很多因素的不同，都会对其性格的塑造产生截然不同的影响。它们都具备着来自马头岩这方绝佳山场所育之茶的共同特性：“霸气张扬”“辛辣浓锐”，但展现方式却是极其多样化且不可复制的。

正如陈老师而言：“岩茶需要用心去品，我们会根据每个人的具体情况而拿出不同的茶。风格多样的它们可以在你低落时给你鼓励，亦可在你焦躁时使你平静，从而满足你不同时期精神层面的不同需求。”在这个物欲横流的快餐时代，人们为了柴米油盐而忙活奔波，却忘了生活的本质是寻找自我的状态。而茶，可以提供自我审视的空间。面对它时，便不用急切追寻各种价值和意义，从而瞥见生活最充满生命力的迷人一面。

三、灵峰观秀色，云际觅禅音

小雨当空，不宜采摘早茶，于是陈老师家原本繁忙不停的早茶采制工序，稍稍歇了下来。逢此闲时，闻说武夷山中白云岩腰峰有一古寺，未染尘事伫立山间，已有百年，观景甚好。走至白云岩脚下，顺沿粗糙石块铺就的山中小路拾级而上，可见高低起伏如柔软绿毯般的茶丛绵延两侧，佝偻木栏零落于路旁，透露着山林间最原始质朴的味道。

去往白云禅寺途中

白云禅寺

品石岩

沿路登至山道尽头，便到了白云禅寺。伴随着四起禅音，眼前之景豁然开朗，武夷山奇秀之景尽收眼底。进寺内斋房观台，清晰可见四周山峦被云雾温柔缭绕环抱，碧色微漾九曲溪婉转其间，春风润雨于空际飘然，为眼前这片天地镀上一层氤氲。徐霞客曾登此写道："登楼南望九曲上游，一洲中峙，溪自西来，分而环之，至曲复合为一。洲外两山渐开，九曲已尽。"清代名僧捧日曾在此摹刻"大观"二字，足见这里视角之开阔绝妙。

白云寺由明代祖师慈觉建设，百年间历经兴毁，至今仍佛音绕梁，香火鼎盛，信善不绝。且白云山的背后就是品石岩，其中静缓生长着陈老师家最古老的水仙茶树。它们肃然庄严，带着古老质朴的虔信在这极富包容性的灵秀武夷山中延续到现在。游人在馨然禅音环绕之间，依傍这江南山水之时，足以让心灵得以栖息，将春天吟咏成诗。

四、开山之日，山场欣荣，人文温暖

今日八点左右，温柔朝阳包裹着武夷山春末的万物。此刻，陈老师家茶园也于一片红火的鞭炮喧嚣之中，迎来了“开山”之日。这便意味着，岩茶大规模、接连不停的采制正式开始了。

“开山”仪式

“开山”和“喊山”不同，开山意味着正式进入紧张的岩茶制作期，规模化采摘开始了。前文《制茶周记・四月・第三周》中所提到的“喊山”，则为较统一的礼俗仪式，代表着一些小品种早生茶类可以小范围采摘粗制。

早饭时，陈老师还叮嘱了我们一些诸如早餐需要站立吃、路上不可大声谈笑、遇到虫子要喊“客人”等需要注意的事项。这一系列肃然繁杂的注意细点，虽初次听闻会稍有诧异，但同时也能够深切体会到，茶者本心对于岩茶最真挚的敬重。

“开山”第一站，便是陈老师从小长大的山场：马头岩。跟随着带山师傅、采茶女工、挑青师傅们，准备采摘“岩猴”高丛。其中，带山制茶师，就是陈老师的姑姑，与陈老师一样，她从小到大都是在制茶大家庭的环境中长大，岩茶已成为她生命中固有的一部分。

在她的认真安排之下，采茶女工们一刻都不怠慢地开始了采摘。其间，姑姑还一直在如人般高的茶丛中查看大家所采鲜叶的状态，并反复叮嘱大家所采茶枝上不可带有老叶或茶梗。

采茶女工们整齐地背着青篮上山

鲜叶采摘

姑姑是位平易近人的老人，她说话声音铿锵有力，无论是对待茶工还是我们，都非常和蔼可亲。她笑着告诉我们，父亲在世就经常教育他们，对待工人也要像对待自己家人一般，做人一定要善良。因而在那个时代，大家无一不称赞父亲的积善成德。

陈老师亦是如此，在优良家教的熏陶之下，他谦和少语，却总是在对茶待人时，用真诚善良的态度感染着我们。陈家历经百年的六代传承，展现的，绝不仅是独特的非遗制茶手艺，更是融于茶中的高尚人文情怀。

姑姑（带山师傅）：因山场较多，品种繁多，采工人数较多，因此她的主要任务就是保持有序采摘、公平称重茶青等

五月·第一周　且将新火试新茶，诗酒趁年华

一盏茶是有记忆的，当你细端凝视它时，历史的源远流长、山水的钟灵毓秀、工艺的纷繁转化，人文的雅致情怀，都在茶叶的翻滚沉浮中，娓娓道来。它，原是一叶萌芽于自然，未经雕琢的璞物，经过爱茶人们接连二十多天跋山涉水、昼夜颠倒、体力耗尽的坚守之后，生命续而历经枯萎、重生、绽放。它用尽一生，伴我们一程，只为告诉我们，哪怕世间无完美，但可从中感受到完美。

一、一盏好茶，天地人和，来之不易

上午采摘的是陈老师家位于天游峰的梅占、肉桂、水仙。天游峰高耸群峰之上，壁立万仞，缥缈烟云弥山漫谷，宛如置身于仙境，遨游于天宫，故名“天游”。于这里生长的岩茶，长势茂盛，茶滋更为张扬奇特。

拾级而上天游峰的九百多级阶梯后，我们这些平日习惯走城市平地的人被累到气喘吁吁。

雨过天晴后的天游峰山腰

带山师傅见状，笑着让我们到阴凉处歇歇，并说下午还要紧接着开始水帘洞乌龙采摘。仰望头顶这令人眩晕的阳光，不难想象，这么多天来被烈日炙烤到皮肤黝黑的淳朴女工们往返于山场间不停歇地采摘、被汗水反复浸湿衣衫的挑青师傅们于崎岖山路间肩扛几十斤青叶的挑担，是多么辛苦。

挑青师傅担着近100斤茶叶辗转山场鲜叶采摘回来，便马不停歇地开始了制作程序。制茶间缭绕着递增的浓厚茶香，陈老师他们也片刻不离地于制茶机前开始通宵达旦地守候。在每一个继夜地萎凋、做青、炒青、揉捻、烘焙过程中，大到整个制茶流程递进的判断，小到对于茶叶采摘气候时间、做青机器转速、青叶状态细微变化等具体的把控，都没有标准可言。

鲜叶采摘

挑青师傅担着近 100 斤茶叶辗转山场

但凡制作过程中有细枝末节的差别，制出茶的滋味也会不尽相同。这些全部细节的拿捏，都得依靠师傅们经过几十年日复一日地跟踪观察和亲身历练的积累。岩茶的“看青做青”“一工一味”工艺之复杂，不得不让我们接连感叹：“太难了！”

为做出自己看到都能露出欣笑的香茗，师傅们在头春制茶的二十来天几乎不眠不休。我们经常劝陈老师多休息一会儿，他每次都只是笑着摇摇头，然后转过身继续看茶。他从不言说对于岩茶有多喜欢，但我们却能够从他的行动中真切地捕获到他对岩茶发自肺腑的着迷和热爱。

陈老师和学生们于深夜还在守着看茶青状态

茶与制茶师，似乎已经达成了一种共存的契合状态，成为彼此生命中有着惯性的部分。其经手打磨而出的每一盏来之不易的好茶，都盛满了对于天地万物和坚守本心最真诚的感恩。

岩茶鲜叶做青后出现的典型“绿叶红镶边”特征

五月·第二周　蝉鸣觉夏至，茶烟袅细香

五月中上旬，绿意染遍了武夷山野，在阵阵蝉鸣喧嚣四起的衬托下，此刻的岩茶村显得格外静悄悄。转眼间，岩茶季最繁忙的头春采制时光已至尾声。顺着蝴蝶追逐和风翩跹，细碎光影从岩茶叶片上轻柔掠过，一不小心，就漾成了初夏。

一、品石岩老丛水仙，一场历经百年的际遇

卫塞节，乃五月第一个月圆之日。上午，我们随着陈老师家的采茶队伍，一同前往了位于白云寺前面的品石岩——生长着最高树龄长达150年的老丛水仙。

放眼望去，地势平坦开阔，土壤蓄肥绝佳；茶园一旁有九曲溪第八曲流经灌溉于此；周围奇峰林立，遮风挡寒；甚至树根所植土壤之上，都遍布着多达十几种地丰富植被种类，为其提供充足的营养物质。山场得天独厚的微域生态条件使这里成了正岩区内最古老水仙茶树产地之一，其茶叶品质可谓韵自天成。

采摘过程中，陈老师告诉我们，以前的门前屋后都要种植这样一棵老丛，可作药用。对于腹胀、发烧、头疼等不适症状，可将其鲜叶水洗干净捣成汁喝下去，治愈效果很好，因此老丛水仙还有着“老茶婆”之称，类似于家里一定要有一个安康的象征，来保佑、守护家人们的健康，这无不展露着茶与人共生的绝佳和谐状态。

150年树龄的老丛水仙茶树

品石岩：由三座形似“口”字的山峰组成整体的“品”字，故名品石岩

在小心保护其自然状态的前提下采摘这些珍贵的老丛鲜叶，亦是一件极其消耗时光的活计。当最后一批茶青运至厂里时，夜幕早已降临。皎洁圆月挂于武夷山湛蓝夜空，闭眼感受老丛鲜叶盎然香气扑面而来的抚慰，虽然疲惫，但心情也变得一片湛蓝，附和着傍晚的缕缕清风，心中对茶的满腔欢喜接连发出了清脆的叮当声。

陈老师在查看比人还要高大的老丛生长状态

二、手工亲自制岩茶，得来全得靠功夫

为沉浸式体验一把初制过程的我们，毅然参与了大坑口肉桂的手工采制攻坚工作。上午9点，我们身挂装茶麻袋、手戴采摘手套，挎着茶篮，心情格外愉悦地抵达了大坑口并开始“捡边”（即对初采后的茶园进行补充采摘）。

大坑口作为武夷岩茶名产区，为东西朝向，水量丰富，光照充足，土壤肥沃。陈老师家肉桂茶园静卧在树林山嶂掩映处，吸纳着天地精华。其香气浓郁清长，岩韵显；味醇厚，具有爽口回甘的特征。鲜叶采摘不仅直接关系到青叶质量的优劣、做青的难易，还直接影响成品茶的质量。例如：鲜叶过嫩则成茶香气低、味苦涩；过老则滋味淡薄，香气粗劣。因此，其间徐老师还不断叮嘱我们：“捡边茶叶也不可以采太老或者太嫩的叶子哦！”

大坑口山场

捡边完后已是下午1点，为避免鲜叶热变，满载而归的四筐茶青运回后，便立马被我们均整地摊晾于茶厂门口，开始了日光萎凋。

日光萎凋

下午3点，在陈老师的指导下，我们进行手工做青。手工做青即是通过叶缘的摩擦、碰撞、挤压而引起叶缘组织损伤，促进叶内含物质氧化与转化，使茶青形成武夷岩茶特殊“色、香、味”和“绿叶红镶边”重要阶段环节。手工茶，真的不只是用手参与那么简单。手工摇青，操作者看似轻松自如，实则技巧性颇高，尤其对于力量和频率的掌握，需要一个相当的精度，不然没摇多久就要休息。即便是功成名就的老师傅，做青时手持水筛，不停筛动，当初数日，尚可支持；惟日日如是，继续达十几日之久；最后数日，亦会两臂酸痛万分，其苦难以言喻。

传统手工炒青

四筐茶叶做青完毕后，已是晚上11点，我们接着开始了手工炒青和揉捻过程。手工炒青，绝对是对心理素质的一大挑战。一边听着茶青投入炒灶后发出的滋啦煎烤声，一边还要用手伸进220~280℃的高温炒青灶内完成对青叶的团炒、吊炒、翻炒，一小锅茶叶炒两分钟下来，手难免会被高温烫到红肿。

炒好的茶青，需趁热迅速置于筛中，以“十字”手法用尽全身力气于手心揉捻，茶叶卷成条形即可解决抖松，然后将两人所揉制茶并为一竹筛，倒入锅中复炒翻转数下后继续进行复揉。如此以复，直至揉好的最后一批茶青送入焙间后，蓦然发现已是深夜3点。

纯手工大坑口肉桂（“大肉”）

此刻虽身感疲惫，但看到自己从头到尾亲制的茶青们整齐摆放于架子上时，阵阵感动却如蜂拥般涌上心头。想必，正是因为明白了这些叶子们历练绽放的不易，所以才对此刻散发清香茶青的难能可贵更感珍惜。

三、下山收工，不忘本心

今日的岩茶村不同往日，大多数人家都已“下山”收工，村中的制茶机轰隆声渐渐消失，一切都已回归宁静。我们笑称陈老师家是大户人家，虽然开工早，但“战线”却足够长，收尾一定是最后一个。

晨光透过树荫洒向师傅们瘦了几圈的脸庞上，面色略显灰黑无光，犹记得制茶师的面红体胖、精神抖擞，其劳苦可知。

下山：当户茶园全部采摘结束的节点。民间习俗需设宴庆祝，为犒劳辛苦的茶工和庆祝最繁忙的采制时节结束。下山后仍需1~2日时间进行毛茶粗制。

夜色已深，做青间茶烟袅袅。陈老师于制茶桶前俯身轻嗅茶香过后，认真地说到：“茶不是一个物品，而是与生活衔接的动态纽带，不同制茶师制出的茶，都有其独特的个性和故事。我们需要做的，就是爱它，并将它最美的一面展现出来。”

诚然，长期修习茶事之人，尊重天地间赋予的一切，自然也就明白生命为何，不会因为过分追逐与苛求而丧失人之本心。而茶的滋味，在与真正的爱茶人用心交织之中，或苦或甜，或浓或淡，从而品出一种人生，一种笑看风轻云淡的人生。

制茶师：陈德平

五月·第三周　子规啼雨婉转，香茗小得盈满

不觉间，小满刚过，夏熟作物籽粒趋于饱满，岩茶村的人们稍停农忙，准备进入岩茶精制阶段。此间清风摇抚着繁花草木，像被日光响挞一般的树影正婆娑起舞。不远处的茶杯中，仍怀有春天的痕迹，含印着对夏季的磨合。

一、茶香扑面，择优拣剔

清晨，伴随着窗外阵阵清脆鸟啼醒来，如同江南如织的雨丝连绵，仿如恣意挥毫的水墨，将这黛瓦白壁勾勒得别有一番韵味。制茶机器们终是归于沉寂，茶厂再次迎来安静。仿佛是想赋予这些头春忙碌不休了二十多天的人们一些慰藉般，万物都变得格外祥和。

早饭后来到茶厂二楼，这里已经围坐着数桌拣茶女工，每人都认真地埋头于拣剔手中初制过后的毛茶，她们动作十分娴熟地剔除茶梗和黄片，从白天，到黑夜。

很难想象，在科技如此发达的今天，仍有这么一种生产的某个过程是需要由这么多人一同手工完成的，而这仅是武夷岩茶费人力的环节之一。其生产的分工细致，使茶叶们从采摘开始，历经约20道工序，约需8~12斤鲜叶才能做成1斤干茶，而2~3斤干茶才能制出1斤精茶。（若制率不高，则4~5斤干茶才能出1斤精茶，武夷岩茶的出精茶率是其他茶类的一半）此过程之杂难，让我们不禁再次唏嘘。

夏季多雨的武夷山

二、审评

天气晴朗，微风不躁，宜毛茶审评。由于每一山场微域环境的不同，每一工艺细枝末节的差别，都能够造就岩茶香滋难以捉摸的千变万化。而审评师，则如识马伯乐，需凭借自身的精准感观，从茶叶外形、汤色、香气、滋味及叶底等品质因子进行审评，对茶叶品质进行鉴定。

（一）干评外形

先于审评台上整齐摆好烫过杯的110mL倒钟形专用审评盖碗，搭配5g岩茶，观干茶条索、色泽，结合嗅干香。条索以紧结、壮实、扭曲为好。色泽以青褐带宝色或油润为佳。干香则嗅其有无杂味、高火味等。

毛茶外形

（二）湿评内质

1. 闻香气

坐杯式冲泡前三冲，分别为“二、三、五”分钟，时间过半可以闻香。将鼻子靠近杯盖，闻杯中随水汽蒸发出来的香气，第一泡闻香气的高低，是否有异气；第二泡辨别香气类型、粗细；第三泡闻香气的持久程度。

2. 观汤色

金黄、橙黄至深橙黄或带琥珀色，清澈明亮为佳，具体鉴定情况需视品种和加工方法而异。

3. 品滋味

宜用啜茶法，让茶汤充分与口腔接触，细细感受茶汤的纯正度、醇厚度、回甘度和持久性，区分武夷岩茶的品种特征、地域特征和工艺特征，领略岩茶特有的“岩韵”。

4. 观叶底

冲泡后观叶底，看厚薄、色泽和发酵程度，以肥厚、软亮、红边显为佳。

最后，再根据茶在这些步骤中的综合表现，来评定茶叶的等级。审评完后，陈老师他们仍盯着杯中叶在反复观看，神情依旧专注。这不免让人想起古人曾说：“天下大事，必作于细。”那么，我们也相信：“对于热爱，唯有用心。”

二、小满茶饶新而熟，不妨乘兴且徘徊

山中今日水汽氤氲，青花欲燃，迎来小满。此乃夏季的第2个节气，物致于此，小得盈满。参悟“小满”的人生，仿佛是述说着小小的满足，约莫懂得感恩生活的美好、个人的进步，听起来就很温暖。

适逢岩茶忙季刚过，傍晚时分，大家暂且得闲，有意小憩。此时，陈老师便欣然提议：“生活是要有仪式感的，今日小满，气氛正好，不如今晚在院子里烧烤如何？”我们听闻，便

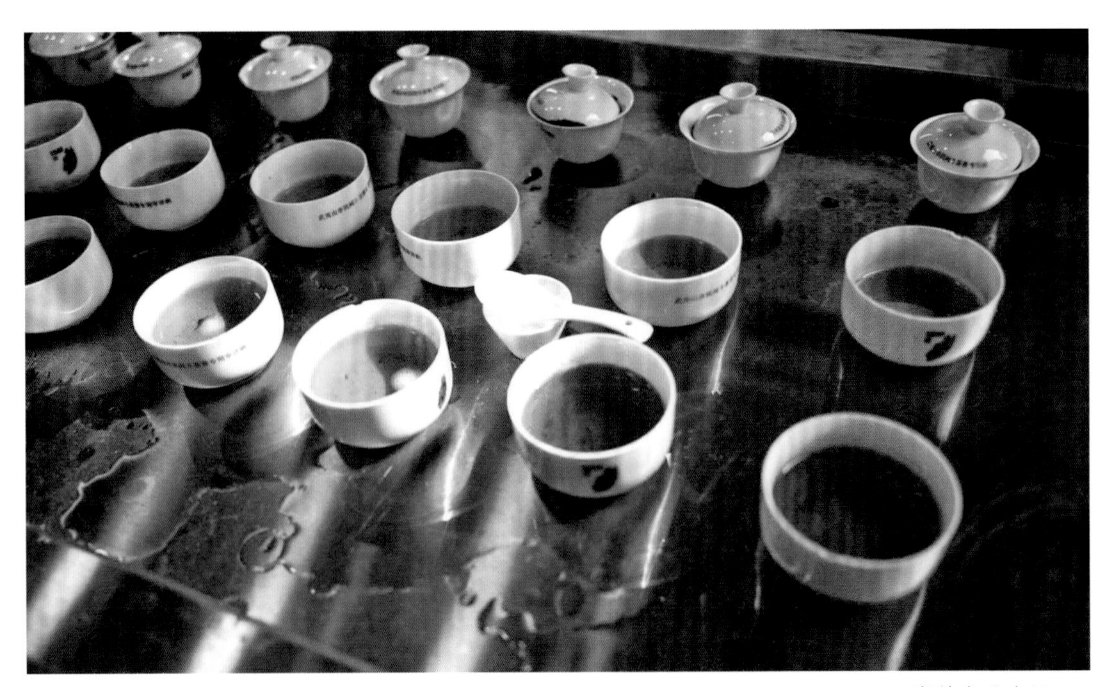

岩茶专业审评

岩茶审评更注重茶叶内质的香气、滋味

立马兴致盎然地笑答同意。大概，真正的师者，既能热忱地工作，也可真挚地生活。一番忙活之后，夜幕已然降临。炭烤架上火星硕硕，将夜色悄然点亮，空气中弥漫着烧烤的香味，夏夜温柔的晚风携夹着些许清爽，与欢快围坐于厂前小院的我们扑了个满怀。武夷人乐观从容的生活态度，在一片欢声笑语中，体现得淋漓尽致。

有趣的灵魂善于留意生活的变化，以小满为乐。就像这经过头春初制后的毛茶，形色可人，香气翩然，即使还不能作为精茶被饮，但它的存在就在于不断的丰满和变化。从那山野间探出的茸茸绿芽，到捧入盏中的精细成茶，这一成长历程，有很多的未知，都可以被期待。

或许，你也想这样生活吧：顺应万物自然生长，感受宇宙洪荒波动，体会季节更迭变化，遂从繁苦劳忙的生活中读出希望。这便是诗意的栖居，无关风月，只在心中。

茶厂门前小院的落日

武夷山小聚，把酒言欢

五月·第四周　芳菲意未尽，风吹夏木繁

古人云：“夜来南风起，五月人倍忙。”五月，被雨水洗得剔透干净的天空下，瘦红肥绿的山川间，清晰悦耳的鸟啼声中，是人们忙碌充实的背影，他们于袅袅茶香中赶做着岩茶精制，将这个季节点缀得恰到妙处。

一、匀堆、拼配

天还蒙蒙亮，大家便开门迎来了大量的新毛茶，整齐堆放于茶厂一楼，排队等待着精制。继上次审评过后，开始了毛茶的匀堆和拼配。

刚拣剔过的毛茶，即使是相同品种的茶，由于山场、制作批次的不同，加工出来的品质也会有所差异。若对这些茶分开存放，不仅无法形成标准化的同款茶叶，也会加大人力和物力的消耗。所以需先遵循“同一品种、同一季节、同一火功、均匀混合”的原则，对这些具有一定差异的茶，进行初次的有效混合。

除了需要匀堆之外，还需根据每个毛茶所处的不同产区、不同工艺进行等级的划分。有时一个大产区可以列出四五十个不同特色小产区的茶。（比如马头岩产区，就有例如悟源涧、猫耳石、云峰、三花峰等小产区）

看来，茶如人一般，每一款不

同的茶，经过每一次不同的历练、读过每一段不同的故事后，都能够为我们留下，面对生活时所呈现的不同态度。重要的是，我们内心该如何去判断和选择。

二、人在草木间

按中国汉字的书写组合方式来看，“茶”这个字，就是“人”，行于“草木”之间。自然，茶，便是人们对于自身和生活的态度。“现在都快八点了，以后最晚要在七点半就得开机器了哦！”茶厂一天的工作，往往是伴随着陈老师家的连厂长对学徒们的叮嘱声开始。连厂长在这里工作10年有余，主要负责茶厂的管理和监制，他不仅是陈老师制茶时的好助手，也是生活中的好朋友。

拣剔后的毛茶按山场、品种整理

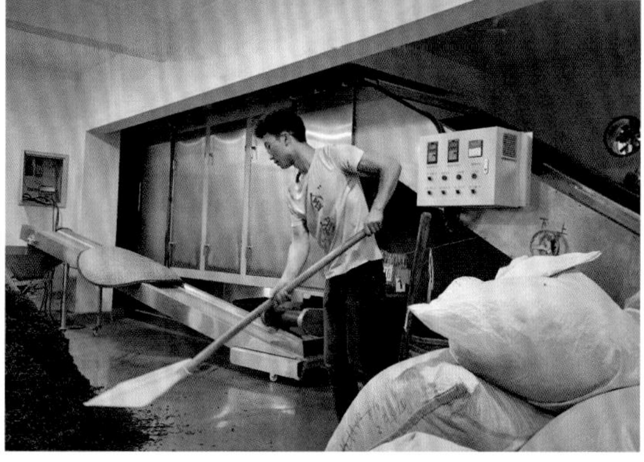
匀堆、拼配

那么，不妨让我们跟随厂长，来看看我们小蒉的学茶生活吧！从头春开始到现在，小蒉都有跟随师傅们专心投入制茶实操之中。想必，他对于制茶也有着自己不同的感悟。机器色选时，小蒉告诉我们：“手工做茶确实难，很耗费精力。但这个机械制茶过程繁多，也格外讲究，不比做手工容易，制优率更有时甚至会更高。”于是，我们开始了这个几乎占据了茶厂一层楼一半面积的色选机筛茶的第一步：倒茶。

机器轰鸣着运行的时候，传送带是不停的。倒茶的时候，既要把握茶的数量，也要控制机器运送速度，并且还要将其拨动均匀，便于机器下一步的传送和筛选。

接着，随着茶叶传送带的不断递进，我们来到了机器风选出茶的另一边。这里需要按照茶叶不同的品种和特性，根据经验调好并选择不同参数。机器运行过程中要格外注意，不然还容易受伤。

“不仅这个参数变化多样，而且机器色选也是比较精致的。”小蒉说着便指向了机器的几个出茶口：“这两个口负责出黄片和茶梗，另外一个主要出合格的茶叶。”在这三个出口的下面，都要先摆放好装茶的麻袋，并随时都要盯着袋中的茶叶数量，一刻都不能走开。

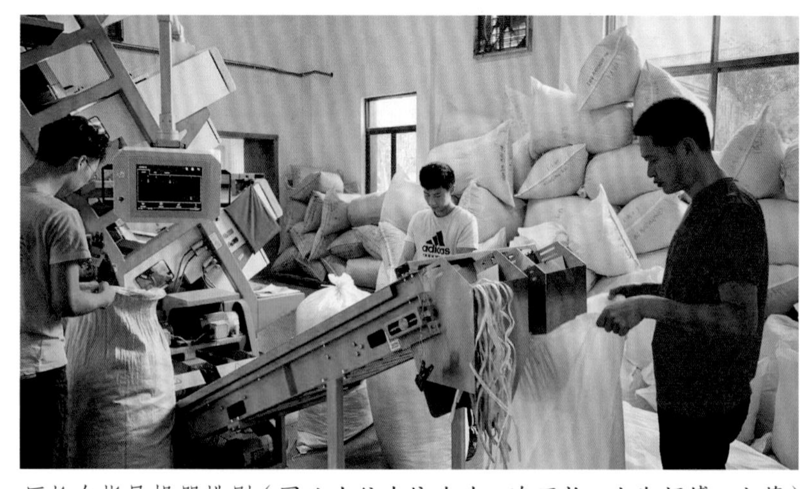

厂长在指导机器挑剔（图从右往左依次为：连厂长、小郑师傅、小蒉）

将初制毛茶慢倒入机器中

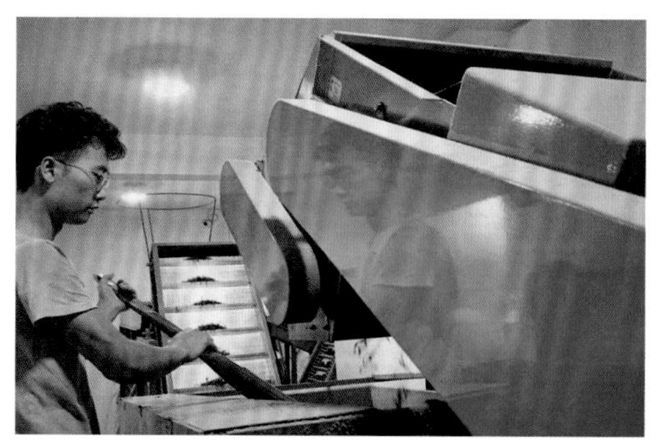

将茶叶拨动均匀

茶叶们开始进入机器风选

左右两边分别为茶梗、黄片出口

机器风选合格茶叶出口

机器风选合格茶叶出口

除此之外，色选机中间还有一条传送带，就是专门重新筛选茶叶，以此保证机器筛选尽可能达到最佳状态。机器筛选完后，仍要送去人工筛选，使挑选出来的茶叶品质更为精致。

忙完一天的制茶工作，看着小黄沾满尘灰的背影，不禁问他：“你觉得做茶累吗？”他不好意思地笑笑：“说不累是假的，但是闻着这些茶香，亲自看着这些茶经过这么多复杂且困难的步骤才得以置于杯中进行品饮，更多的，是觉得充实有趣。”

你看，岁月酿成了茶的滋味，茶散发出灵魂的清香。每一位爱茶人，其实都在每一叶茶的成长中修行着属于自己的茶道。

六月·第一周　连雨不知春去，一晴方觉夏深

六月山间晦明变幻的交错中，草木愈发地葱茏繁密，武夷山的夏季，是在有茶陪伴的时光中缓缓度过的。忙碌的茶季之余，人们开始在一杯一盏中品味劳动成果。茶中，贮存着美好生活。

一、老厂品梅占

今日折桐花烂漫，乍疏雨，洗仲夏。一早来到了陈老师家的制茶老厂所在地九曲岩茶村——天心村。这是地处武夷山风景名胜区内、几代技艺传承人制作正岩茶的核心村落，家家

户户种茶、做茶、卖茶，斗茶之风代代相传，有“中国岩茶村”之称。

为保护这片净土的生态环境，景区内是不允许外来车辆进入的，负责管制进出车辆的老人远远望见是陈老师的车子，便拉起栏杆等待我们通行。

绕过弯弯曲曲的山间小路到达陈老师家的老厂，扶梯直上二楼，透过落地窗，可望见一片碧绿油亮的大好茶园，对面的大王峰被一波波涌动的云雾包裹着，又层层拂开，忽隐忽现；室内茶烟袅袅，众人把盏话茶。

“春为一岁首，梅占百花魁。”杯中这泡产自武夷山著名产区“三坑两涧”之一的慧苑坑老丛梅占，便是今年头春开采的早茶品种之一。干茶冲泡时，凛冽的梅子香扑鼻而来，空气中弥漫着岁月呵护着的干净和纯粹。

茶汤入喉甜润且顺滑，醇厚又细腻，如同梅妃当庭际，香脸半开娇旖旎。优越名岩山场环境的养育，更是为其增添了几分“遥知不是雪，为有暗香来”的意味。小啜一口，足以惊艳味蕾。

品鉴老丛梅占

山中岁月像旧梦一场，数盏茶后，时间已被忘却。闻汩汩泉声汇入林间，看窗外浩浩云雾笼罩山崖，醉心缱绻茶气中，心情自然地舒展开来，于一片祥和宁静里，得到了治愈。

二、三坑两涧——慧苑坑

久居城中，嗅惯了车水马龙的杂陈之气，被冰冷的钢筋水泥建筑桎梏已久的人们，多半对自然最为渴望。这不，昨日刚喝完老丛梅占后，我们于今日就踏至了其生长山场：慧苑坑。

武夷核心产区山场，作为岩茶的生长环境，是形成岩茶自身品质的根源和最核心的因素。喝岩茶时所强调的香气、滋味、韵味等特征，均来自山场的魅力。

武夷山最核心产区非“三坑两涧”莫属，包括慧苑坑、牛栏坑、大坑口、悟源涧、流香涧。其山场地位好似城市中的CBD。喜欢岩茶的人们，通常以能喝到这几个地方的茶而骄傲。

武夷山核心产区

慧苑山场

慧苑坑不仅是三坑两涧之中范围最大的一坑，还是武夷山植茶历史最久处。刚踏至山场，便会被眼前静谧空灵的山场氛围所打动。

这里全坑松竹环翠，山岩林立，将其整体围成峡谷状。地下紫红色沙砾土壤积涵肥沃，周围雾气缭绕，光照适度，温暖湿润，十分适合喜湿喜温的茶树生长。其中以老丛水仙、肉桂、铁罗汉等最为著名。这里的铁罗汉，便是喊山采茶的第一站。茶叶产于此，内质丰富，醇厚浓郁，香甘并存，岩韵具足，口感震撼。

著名理学大师朱熹，还曾在慧苑寺住过一段时间，并题对联一副："客至莫嫌茶当酒，山居偏与竹为邻"，足见这里环境之清幽雅致。

当我们亲临山场时，仿佛与茶叶们的灵魂产生了共鸣，不再觉得山体高远，也不会认为水流疏离，只觉水天一色，鸟啼亲密。大抵人行草木间，便可领悟到天人合一的境界。

三、泡茶小试

生活匆忙间，人生丰收时，芒种悄然而至。今日课上，老师拿出三泡茶——大红袍、肉桂、水仙，让我们随意拿一泡来泡，考我们对实际泡茶的熟练程度和判断能力。平日里，我们虽多饮茶，与泡茶着实接触不够，但仍无畏地接了过来。

至于泡茶，初来乍"泡"的新人，都会走上这种"烫着烫着"就泡好了的道路。烹水洁器，备好干茶过后，脑海中努力回想着泡茶的流程方法，似紧实松地拿起盖碗倾倒茶汤，随后却被盖碗蒸腾而出的热气刺激得赶紧放下。

莱茶

茶味忽浓忽淡，像失控的汽车，左右猛打方向盘，辨不清其中暗含的品种密码，也找不回四平八稳的感觉。老师笑说没关系，泡出什么，我们就喝什么。

诚然，品茶之人既然喝的是味道，那就应专心于提壶注水时激荡茶叶的默契，唇齿喉舌间流转的缠绵，乃至茶汤落肚的熨帖，而不是按部就班的书本理论。毕竟，脑中夹杂侈靡的知识，不及那冲泡一盏叶、抿呷一口茶时，心照不宣的动容。

茶罢忽而明白，今日芒种，不仅意味着默默劳作、挥洒汗水季节的到来，也述说着生命的丰厚来自不断的亲自辛勤耕耘。

无论在广袤无垠的山野，还是在此刻四方的木桌前，都有着人生每一段时间里，去努力丰富沉淀自身的足够理由。

六月·第二周　花开半夏，茶入人生

盛夏已至，光阴渐长。早时沐浴晨光，午时倦听蝉鸣，夜里轻抚流萤。生活的情趣被烈日浇灌，东边日出西边雨，新茶含蓄梅子黄。小扇扑得茶香醉，众人把盏话佳茗。武夷六月末，茶入生活，沁香迷人。

一、夏至慢跑武夷山

这夏日的悠长午后，煮一壶岩茶，随着馥郁沁香四起和醇柔汤水缓缓下喉，心中的幸福感悄然升起。茶罢之后，已是傍晚，天色渐染橙黄。

每当这个时候，茶厂的人们都会在陈老师的呼唤之下，充满仪式感地换上运动装，整装待发于武夷山景区内，开始每日的生命仪式感——山林小跑。就连平日习惯久坐的我们也被“牵连”。陈老师打趣说：“好的身体素质才是努力工作的前提和动力啊！”

确实，锻炼身体能够使生活思路清晰，以更充沛的精力投身于生产之中。在头春，整个制茶团队不仅要连续熬夜二十几个夜晚，而且还要井然有序地安排白天的采摘及在夜晚进行不同山场、不同个性、不同老嫩毛茶的优良制作，也正是因为常年坚持长跑而锻炼养成的工作意志。

品石流香跑步小分队

武夷山正岩产区

伴随耳机里传来的舒缓歌声，奔行于落日余晖之下。踏至景区，首先映入眼帘的是郁郁葱葱的山林，竹子随风摇曳，仿佛在欢迎我们的到来。

继续往山里跑，可见清澈见底的溪涧于层次分明的山体间哗然流淌，就连扑面而来的晚

郁郁葱葱的山林

武夷山生态环境

风，都是宜人的清爽。山里的每一处都好似自然的帧帧画像，伟岸而秀美，令游子不禁驻足为其拍照留念。

虽然“落霞与孤鹜齐飞，秋水共长天一色”的奇观异景备受世人夸赞，但眼前“疏影横斜水清浅，暗香浮动月黄昏”的舒心风景却更能将心情点缀出清幽韵味，暗香疏影间，心底泛起阵阵涟漪。你说，光阴终究有期；我说，夏至如约而至。

二、端午喜迎“悟源涧”肉桂专场

今日端午，粽香弥漫，恭祝安康。午后，老师们给我们拿出了一排好茶，为度佳节。其中，便有四泡来自“悟源涧”山场的肉桂。

“悟源涧”属“三坑两涧”，乃武夷山景区内顶级的核心岩茶产区，同时也是陈老师家的代表性山场。为护理这一块生态环境，以保持土壤的良性生态循环为重，适当采用了古法管护山场，并结合每年微域气候的变化及降水量，以科学手段辅助。

山场作为岩茶滋味的底蕴所在，因为天独厚的自然环境叠加，造就了悟源涧肉桂的滋味不仅个性鲜明，甚至其水感都特别温润甘甜。

四泡来自悟源涧同一山场的肉桂，拥有来自顶级坑涧的共性高级感，却又各具特色。就像五位优秀人儿，在不同的人生阶段中都各有所长。

悟源涧山场

悟源涧

一号“悟肉”，仿若一位稳重长者，年份较长，香气沉稳，滋味醇厚，入口就自带坑涧茶独有的凛冽感，回甘快且韵味足，尾调悠长而转变丰富。

二号“悟肉”，是努力上进的励志青年，先抑后扬，前两泡夹杂着新茶不谙世事的未褪火功味，但三泡过后，汤水却展现出了醇和怡人感，散发出高扬茶香，令人不禁闭眼沁心其中。

三号“悟肉”，仿若一位自带仙气的姐姐，馥郁香气飘然融于醇和汤水之中；七泡过后，口感依旧如丝滑般细腻且饱满，回味无穷。

四号“悟肉”，像一位贪玩的小朋友，前几泡茶香青春，滋味活泼刺激，但不一会儿，便开始跟你玩儿捉迷藏，需要动用细致味蕾去找寻点点滴滴的变幻莫测。我想，或许岩茶如人一般，各具千秋和充满一切可能性的未来，才是它们最真实的本味。

不同年份、工艺的“悟肉”

“悟肉”

三、品茶识自我

不觉间已到六月底，茶室外的毛茶精制工序，依旧如火如荼地进行着。而今日茶室内，陈老师神秘地拿出几泡茶置于桌上，以两泡为一组，不告诉我们是什么茶，只让我们自己喝，然后说出自身感觉。

按照岩茶审评流程，我们开始闻香气、观汤色、品滋味、看叶底。其间，陈老师提醒我们，审评过程一定要严谨认真，哪怕是误漏了一滴不同茶汤到另外茶汤里，汤感都会受到影响。品前两组茶，各自都富有自身特性，容易区分并清楚说出不同。而到了最后两泡压轴茶，香气滋味非常接近，我们都默默捏了一把汗。陈老师见状笑笑说：“没关系，用心去品，选择你所喜欢的就好。”

岩茶审评：品茶汤

岩茶审评——观汤色

于是，大家所描述的感受都各不相同。有人认为前一泡滋味更醇厚，有人却觉得更清纯；有人认为后一泡更浓厚，有人却觉得更鲜醇。其实，这两泡茶都来自同一高品质山场，本身没有好坏之分，有的只是它们自身的共性与特色，而我们所要做的，仅是欣赏，足矣。

有言：“什么样的人，喝什么样的茶。”最终还是没有套问出陈老师，压轴的两泡茶到底是什么茶。但各自所选择的那款独特茶滋，却久久环绕于口腔之中，惦念于心里。这何尝不是在追寻着更接近内在自我的人生滋味呢？除了我们自己，没有人能给我们确切的回答。一款能打动自己的茶，必定是能够与自己人生滋味产生共鸣的茶。

岩茶审评——闻香气

七月·第一周　风拂绿筠香，芳草亦未歇

七月的暖风扑击着明亮草垛，夏天在每个清晨醒来数它的花朵。岩茶审评室内，沸水入注白瓷盖碗而晕开的阵阵芬芳，仿若这个蓬勃茂盛的季节，既承载着春的希望，又酝酿着秋的殷实。

一、评茶

自六月伊始，茶厂审评室内几乎每天都是茶香缭绕。今日武夷天空澄澈透亮，随风扑鼻而来的清新空气夹杂着淡淡青草香，随呼吸入腔，与欣喜撞了个满怀。实在喜欢每个月份的第一天，仿佛一切都能充满希望地重新开始。

在这个明亮的清晨，我们继续跟随老师们进入了审评室内，开始了今日上午的岩茶毛茶审评。称茶、投茶、注水后，便立刻用沙漏以计时，前三泡需分别按照2、3、5min依次出汤，接下来的看、闻、品步骤，同样要有条不紊地接连进行。

不同品种、工艺会呈现不同的茶汤颜色

岩茶审评——摇盘、抓样

陈老师审评闻茶香

徐老师审评闻茶香

岩茶审评流程十分精准而讲究，就拿注水来说，需一手提大水壶准点、定点注水，在1min内冲完所有品鉴盖碗，同时还得保证水注满盖碗且不能使茶叶溢出，稍有不慎就会烫手。其间，陈老师叮嘱我们："务必严格遵循品鉴流程与秩序，要用心对待每一次审评。"

通过这一流程，评制茶师需要在短时间内快速地从茶之色、香、味等方面入手，并准确地掌握一款岩茶的品质优劣。据陈老师家的连厂长说，他练了10年，一年有三分之二时间在这个台面上操作，才做到游刃有余，动作从容干净。

诚然，纸上得来终觉浅，绝知此事要躬行。对于岩茶的学习与把握，需日复一日踏实学习与反复历练，方可将岩茶学习中每一流程中的细枝末节都做到最好，这是我们始终努力践行的目标，也是不断完善自身的动力。

二、杯盏有山水，品茗到心处

古人云："工欲善其事，必先利其器。"不知大家是否发现，在武夷岩茶正式审评场合中，使用的都是白瓷盖碗。

德化白瓷的岩茶标准审评盖碗

德化白瓷

这是由于岩茶具有香高味远的特点，滋味会随着时间、温度和冲泡手法的不同而变化无穷，所以适手的白瓷，能更好地满足其闻香、品味的乐趣，承载其或刚健或婀娜的姿态。

提到白瓷盖碗，就不得不提德化白瓷器具。郑和下西洋时开辟了中国的海上丝绸之路，德化白瓷通过泉州港销往海外。有个词叫“中国白”，便是欧洲国家对德化白瓷的赞誉。

德化白瓷经由高温烧制，盖碗外形一般都比较中规中矩，整体曲线柔和，色泽洁白而通透，器具表面密度高，无吸水性且手感好，是想学茶或试茶的优选。

因而若可岩茶选器，精选德化白瓷之杯，高约三指许，口沿外翻，杯壁厚薄适宜，通体如玉。岩茶入杯，尽显汤色，几缕清幽，一饮而尽，杯中味醇袅袅不尽。

杯外余温微微暖心，无论苦中有甘，先苦后甘，品者自可从中领悟，或许心如明镜，均浓缩在这小小的茶杯之间，妙趣横生，绵长久远。

德化白瓷品茗杯

三、“传”是经验的发扬光大，“承”是精神的厚德载物

为纪念10余年的教学情感，今日上午，我们跟随着陈老师一同来到了他曾任教13年的武夷中学进行了教育公益活动。武夷山的核心山水，养育了品质优异的武夷正岩茶，同样受其滋养的正岩茶制作技艺传承人陈老师，专注匠心制茶的同时，还坚持结合教育公益，致力于推动武夷教育事业及武夷正岩茶文化的继承和发展。

为此，陈老师还特制了一款“花香刚健”。沸水冲入盖碗便立刻芳香四溢，在场的老师们都接连夸赞。其茶香高扬且溶于水，滋味甘醇而细腻，汤水润滑，毫不涩口，回甘持久。

品石流香奖教基金

七泡过后，风味依旧转化丰富，盖香及叶底香岩韵十足，有种柔和的霸气。

“花香刚健”花香激发了味觉想象，柔和美妙。而紧跟着刚健，是视觉形态与力量，二者组合一起，有如《易经》所说的阴阳共生，《大学》里提到的“中庸”与“平衡”，在矛盾对立中取得平衡，映涵着美的哲学。

好茶如师，借一盏时光煮茶，如同岁月的光芒在墙面留下的符号带学生们行走在花样深情的世界中；用爱泡茶，将真诚与感激灌注，茶与水的交融，激荡出甘润香甜的茶汤，以一点蕙质兰心，吟咏自然的芬芳，带着孩子成长。

人生况味，顺逆浮沉。茶也如人一般，在天地的无私涵养间，在制茶师的精心雕琢时，倾注了自己独特的灵魂。

陈老师参加教育公益活动

为优秀教师特制的“花香刚健”

武夷岩茶树种

七月・第二周　盛夏白瓷梅子汤，碎冰碰壁当啷响

武夷千年亘久的幽幽茶香，惊扰了栖息于林梢的剔透清露，揉碎了酝酿的烟火气，惊醒了山间溪底徜徉着往来翕忽的游鱼，敲响了屋内通透的品茗杯。

一、竹窠水仙

今日小暑炎炎，气压沉闷，老师见状，便拿出了一泡来自竹窠的水仙。早有闻说水仙产自竹窠，品质绝佳，今日品到，深觉其然。

竹窠，位于武夷山核心产区“三坑两涧”中慧苑坑内更为核心的一个产区，也是陈老师爷爷起家的地方。这里相对低洼的地势，土壤肥沃，青苔滋生，隐秘悠窄，纯粹自然，不受外界

竹窠山场

干扰，云雾易聚难散。

这里茶树布满沧桑青苔，树高而苍劲有力，是武夷山老一辈茶人心中的顶级山场。清代朱彝尊《御茶园歌》所言："云窝竹窠擅绝品，其居大抵皆岩坳。"这里自古就是产茶胜地，茶树产此品质绝佳，岩韵明显。

该泡竹窠水仙，木质味明显，馥郁而幽长的茶香，于茶香沸水高注冲泡后，便立马与水融汇，赋予茶汤以饱满顺滑的口感，在入喉间便口齿留香，且回味无穷。五泡过后，粽叶香盎然弥漫，坑涧茶特有的凛冽感绕于舌尖，心境也随之缓缓宁静下来。

茶罢后，望窗外浩浩云雾笼罩山崖，闻阵阵鸟啼婉转林间，醉心于山水茶盏，浩然之气遁入胸腔，留得清风徐徐，清明自在。

二、精茗蕴香借水而发

人们常说："水为茶之母，器为茶之父。"于是今日品茶，我们不免谈论到了用水对泡茶口感的影响。为何在不同地方喝茶，茶的滋味都会有所差异？其中，用水就占有很大一部分原因。

一般来说，现代泡茶用水主要是两个基本标准是：一是弱碱性，弱碱性水对人体健康有益。二是活性高的软水，影响水的活性的是水的分子团，分子团越小，水的表面张力就越大。这样的水与茶叶中的茶多酚、茶碱等物质结合能力越强，泡茶时更能激发茶的色、香、味。

水，是大自然之源，也是茶的重生之地。它赋予一片茶生命的温度，赋予一片茶生命的厚度，也延伸了一片茶生命的长度。也因为茶，水从平实到志趣高远，从无色无味到人生百味。

《茶疏》中说："精茗蕴香，借水而发，无水不可与论茶。"对茶的苛求可以储备，但是

水很难，因地制宜较多。武夷山独特的丹霞地貌、好山好水，最能获得品质天成的好茶。

群峰相连，峡谷纵横，九曲溪萦回其间。用这里最清澈的甘泉，孕育出每一片好茶，也是这样的好水，臻山川精英秀气所钟，在冲泡之间露出岩骨花香之胜。

好茶好水，恰似金玉良配，相互依存，才能获得品自天成的好茶。水与茶，如夏夜微风，如冬晨看雪，自然一寸，相互成全托付。

三、阶段小试

不觉间，七月已快过半。老师说，岩茶学习是个漫长的过程，每个阶段都有每个阶段的考验。于是，为达到品石流香团队对于成员专业素养的高标准，老师根据团队中每个人的定位，于今日午后开展了成员阶段性小试。这不仅是对于我们平日工作学习的一次评估，同时也能更好地完善不足。小黄，自头春过后至今，他便一直跟随着师傅们在学习茶厂内的实操工序流程，主要负责茶学实践，于是今日对他进行了色选实操考核。

按照茶叶不同的品种和特性，根据经验调好并选择不同参数

小若自头春过后，便一直在茶室跟着老师们学习茶学，多于审评室内，感受每泡茶的美妙变化，于是今日对他进行了茶叶审评实操。

三口传送带分别输出茶梗、黄片、茶叶

闻香气：坐杯式冲泡前三冲，分别为“二、三、五”分钟，时间过半可以闻香。将鼻子靠近杯盖，闻杯中随水汽蒸发出来的香气，第一泡闻香气的纯、异；第二泡闻香气的高低、浓淡；第三泡闻香气的持久程度。

品滋味：宜用啜茶法，让茶汤充分与口腔接触，细细感受茶汤的纯正度、醇厚度、回甘度和持久性，区分武夷岩茶的品种特征、地域特征和工艺特征，领略岩茶特有的“岩韵”。

随时观察茶叶出来的样式，判断是否合规

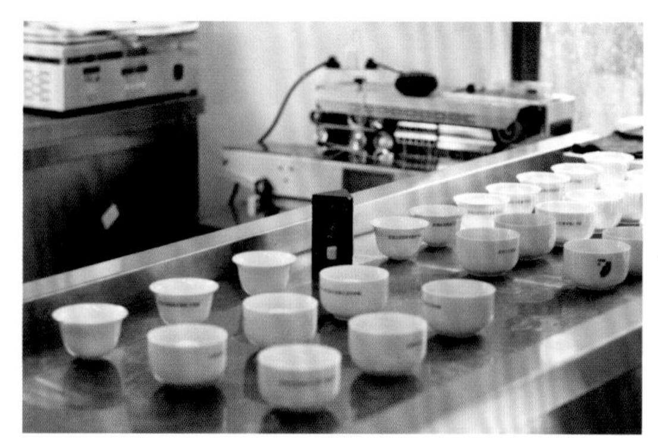
审评前的准备工作：备器

审评茶样

摇盘、抓样，一次抓取 5g 茶

注水：用沸水定点注水

闻香气

品滋味

陈老师点评

最后，在老师们的点评之下，若可团队本阶段的学习成功通过考核。但是我们心中非常清楚，要想真正读懂岩茶这一复杂迷人的茶类，还需经年不断的勤奋努力与扎实历练。

生命如同一杯苦茶，杂乱无章地四周横亘。我们相信，茶本味虽苦，但品茶人在，清甜自在。

审评结束后，清洗、收纳完毕的茶台、茶器

七月·第三周　竹雨松风琴韵，茶烟梧月书声

不待七月晨风拂过惺忪睡眼，山中绿叶就盎然托起了沉睡的初阳，满怀柔意地洒下一地斑驳。

无论是山间气候云翳忽雷雨，还是屋顶星空璀璨挂月白，都饱含着欣欣向荣之意。你看，武夷夏日的点点滴滴，都是美好的代名词。

一、飞燕归堂，庭外青碧

今日午间，陈老师欣然提议道："不如下午茶厂团聚，去往山中碧石岩转转如何？"我们听闻，便立马喜上眉梢，欢呼同意。

循着小径进入山间，原本开朗的视野随着渐高的海拔，被漫山林立的草木沾满。

阴天特有的冷色调光线在青石板路上回旋，为周围这片翡翠色彩的世界增添了些许凛冽的美感。

碧石岩为武夷山"九十九名岩"之一，属正岩山场，位于武夷山风景区的北面。

武夷风光

寻访至碧石岩茶厂脚下

这里四周奇岩林立，茶园连片，茶树繁茂挺拔，茶叶浓绿芬芳，老丛众多且品质绝佳，令人陶然欲醉。

碧石岩茶厂

碧石岩茶厂

绕行蜿蜒曲径，至山间转角岩腰处，忽有木质半吊脚楼映入眼帘，这便是武夷山国家风景区内所剩唯一完整性最好的民国茶厂：碧石岩古茶厂。

拾级而上，站于茶厂门口，可见四周年代感斑驳的制茶间布局依旧完整、清晰。

佝偻的木质楼梯，悄然无息地见证着白驹过隙，折射着岁月的温情，让人不禁心生遐想！

民国时期就在这里制茶的人，是否也站在而今我正站立的地方？他目之所及，是否也是周围这不尽的草木？高耸林立的山峰可让他叹而生畏？丹岩秀水中亲制出的每一捧好茶可令他欣喜？

途中偶遇暴风雨

伫立于古茶厂内的明灭光影之间，对话斑斓古迹诉说的人文故事，有些难以言说的惬意。

而后天色渐晚，当我们依依不舍地踏上返途时，山中骤然下起了一场暴雨，雷鸣仿佛在耳畔闪烁，山风四面吹来，是与夏日不搭的刺骨寒凉。

不一会儿，我们的衣物都被雨水淋湿透彻，却还不忘默契地说笑，打趣以后大家都是“同生共死”过的伙伴了。

哼着歌，历经四个多小时，我们几乎横跨了整个景区。到快下山时，天空也渐渐放晴起来。大雨过后的山间，云雾环抱缭绕着山体，仿若仙境。

在这个光怪陆离的人间，没有谁可以将日子过得行云流水，在追寻心之所向的漫漫途中，总会有意外的坎坷。

但我始终相信，正如风雨过后的山色会更加通透迷人一般，那些走过平湖烟雨、岁月山河，那些历尽劫数、尝遍百味的人生，会更加生动而干净。

二、芳华沉淀，诗意人生

“烟雨入江南，山水如墨染，宛若丹青未干，提笔然，点欲穿……”

行驶进景区内陈老师家老厂的途中，难摘的耳机里传来古风音乐的旋律，扭头望车窗外，风景匆匆掠过，是一份恬然的相得益彰。

去老茶厂途中

老茶厂背靠大王峰的茶室

沿着立有“天心岩茶村”标牌的小路蜿蜒而上，便又见陈老师家的老厂。未受任何工业污染的这里，烟雨过后初晴的天空格外纯净，漫天云卷云舒。

茶室透明的落地窗，可见不远处奇伟的大王峰丹霞山体肃然伫立，眼前一片明亮碧绿的青葱茶园，在阳光的打量下散发着草木的芬芳。

这份柔软的宁静，是生活中不可多得的自在，似是词人诗意的目光，闲适而又安然。

山中何事？松花酿酒，春水煎茶。阳光正好的午后，陈老师拿出了几泡特色鲜明的茶，但其中印象最深刻的，属那泡1999年珍藏的老茶。

其干茶带有微酸的高级梅子香调，沸水注入后，优雅茶香袅袅四溢，仿若云迹氤氲的禅音。

茶汤入喉更是鲜醇圆润，岁月赋予了它灵芝般的滋味，七泡过后，茶香仍不舍得留存汤水之中，留下充满变幻的辗转莫测。

说到老茶，清初周亮工在《闽茶曲》中有言：“雨前虽好但嫌新，火气未除莫接唇。藏得深红三倍价，家家卖弄隔年陈。”

因而，对于武夷岩茶来说，焙火到位的好茶，是耐得住时间存放的。

老茶厂后的老丛茶园

因为它本身内质充足、底韵足够好，置于合适的储存环境内，看情况进行复焙和调养，而后随着时间的增加，它的内含物质会发生不断的转变，滋味也会愈发转变丰富，更具多样化的迷人风味。

新茶，如未经世事的少年，多了些燥热，少了些沉静，需要数日、数月、数年的打磨；需要静置、冷落、孤独的等待；需要分解、转化，内质悄然重生，直到被赋予“陈香”的赞誉，直到不辜负“陈年老茶”的真味。这便是生活中可以觅见的，充满诗意的美好。

论道折花，吟诗作对，赏花弄月，固然风雅，但这并不是生活的全部含义。

眼中有星辰，盏中有茶汤，身有烟火气，不论生活和顺或坎坷，都能拥有一颗向往美好的心，才更能称得上有内容的生活。

浮华人世，不妨栖居，稳静沉淀，感受岁月，给自己和生活一份温柔。

七月·第四周　树荫满地日当午，梦觉流莺时一声

随着暑候渐浓，缱绻于空气中的茶香因子迸发出更为迷人的芬芳，仿若点缀在浩瀚银河的滚烫归星，于每一次变幻和丰富间，衬印出爱茶人们赤诚的期待与喜爱。

朝阳加冕，星光同行，盛夏酿入茶盏，使岁月可共饮。

一、茶会初试

明代文学家许次纾在《茶疏》中有言："宾朋杂沓，止堪交错觥筹，乍会泛交，仅须常品

酬酢。”以茶会友，情理之中。茶之清雅，契合初会的朋友清谈阔论，随着情感和茶香的沉淀，大家渐渐熟识，结合出友谊。

就如茶圣陆羽和诗僧皎然二人以诗茶结缘的禅意人生，茶依然是茶，却在二人对饮间，散发出愈发醇香美妙的味道，不仅在茶里环绕，更飘然于心间。

于是，为将茶更好地融入生活，构架起友人间沟通更为亲近的桥梁，总结近段时间学习生活，若可团队于今日午后开展了茶会初试。这是一场充满仪式感且具品牌特色的品鉴茶会。

本着对于武夷岩茶的恭敬与喜爱，我们在茶会前制定了各项评价标准，并着手于宋代文人欧阳修品茶的东方美学理念：“泉甘器洁天色好，坐中拣择客亦嘉”。

大到茶室布置、器具摆设、个人仪表，小到干茶投量、注水方式、出汤时间等，都做了精细的考量，致使大家对于武夷岩茶的赏析能够在怡然啜茶之中变得更为惬意，从而达到“真物有真赏”的境界。

茶会过后，心思沉静，所有的一切都化作袅袅茶烟，融于橙红明亮的汤色之中。闻窗外翠竹摇曳，和友人双双对坐，笑颜相对，知音不酬，实在妙哉。

茶会初试

二、茶香品“工艺”

今日大暑，湿热至极，这是夏季的最后一个节气，也意味着今年盛夏即将结束。

历经四月至今的赶制，茶厂内现已堆满了成袋即将拣剔完备的各类干茶。它们袅袅着悠然茶香，仿佛以此期待着下个精制程序“焙火”的开启。

我们十分喜爱穿梭于这些堆满的茶袋之间，用深呼吸反复感受着这些细致味道的美好。对于茶香，想必已有多次提及，归根结底还是源于它的动人。

造成岩茶香气变化的来源有两种，一是品种香，二是工艺香。品种香，顾名思义，是茶叶自身品种特有的香型。而工艺香指通过工艺调配而具备的不同丰富香气，这是把茶匠的智慧揉碎，碾进去的香气。

在制作环节中，会影响岩茶香气的步骤，不在少数。如走水、发酵、炭焙等环节甚至于采摘，都会影响岩茶的香气。

武夷山老丛水仙

晴天采摘岩茶，香气偏高昂；雨天采摘岩茶，香气更收敛。不同的发酵程度，最后得到的岩茶香气也不同。发酵轻的岩茶，多表现为花香；发酵重的岩茶，多表现为果香。

炭焙过后，若是将茶进行拼配，也会影响这款茶的香气。一筐鲜叶，施以不同火功，会生成不同的工艺香。

工艺香的存在，能够让岩茶的香型更丰富，整体的茶香体验更加立体化，这也决定了岩茶的后天命运。

所以，在武夷岩茶每一制作环节之中，都要为后续的各个环节保留更具弹性的“塑造”空间。

不仅要把品种特点发挥到位，还要经得后续起焙火的折腾，而后才能灵活调剂刚柔。

值得一提的是，六大茶类里，岩茶的工艺是最需要提到“团队”精神的，步步环扣，最讲阶段性的休戚相关和前后因果的呼应。这也是武夷岩茶茶香如此馥郁迷人的原因所在。

武夷岩茶，无论茶香还是汤水，它都是灵动的，富含百面千娇的变幻。

它是江南奇秀山水酿成的一场风月柔情，巧妙地点缀出风花雪月中最绮丽的那抹芳华。人们所见即是天的恩赐，是地的精华，是人的用心。

天

景陽
萬曆癸未春吉旦

荷花茶

三、荷花茶舞弄清欢

今日厂内所有毛茶的精制拣剔工序几乎结束，气候大好，天空湛蓝如洗。老师们提议，可以去附近的五夫镇赏荷。

五夫是莲花之乡，有千年的种植历史。至清朝末年，五夫白莲一直作为皇室贡莲。这里每年夏季都会举办荷花节，是赏荷花、拍荷花的好去处。

同时，这里也是理学宗师朱子的故里。据说那首《观书有感》就是在故居的塘边苦读时，触动灵感信手写就的，或许你还能看“天光云影共徘徊”，吟一句“问渠哪得清如许，为有源头活水来”。

微风抚起衣袂，艳阳在额间轻点细汗，眼前一方绿水潋滟流光，如若画纸上勾勒出带酣红醉妆的袅袅莲花，婷婷多姿，婀娜身段，如梦似幻。抬眸是灿灿艳阳，颔首是粼粼水波。

俯身轻嗅莲花清香，竟与岩茶芬芳有些许神似。忽记《浮生六记》中，有一节写芸娘别出心裁做的花茶：“夏月荷花初开时，晚含而晓放。芸用小纱囊撮茶叶少许，置花心。明早取出，烹天泉水泡之，香韵尤绝。”

荷花清雅天真，搭配岩茶的清香纯正，再将莲意花茶煮沸。这样契合的雅物结合一起制成荷茶，想来就觉得奇趣般配。

巧遇微风拂过，带来令人心静的芬芳，使时光恍若骤停，将岁月皆绽放于此刻。再抬眸望眼前荷塘，一副和谐静美之象浑然天成，竟似脱离尘世。轻唱一曲闽北调，惊鸿一瞥霓裳舞。

全肉盛宴评审

四、全肉盛宴显霸气

仍记端午时节，有幸品鉴陈老师家五款悟源涧肉桂，本自同地生的同种茶类，风味却各具特色。今日再遇全肉盛宴，分别来自四个不同核心山场，口感更是丰富多样，耐不住欣喜之情，想与大家同享。

悟源涧肉桂

悟源涧肉桂：香气细悠绵长，茶汤入喉如丝绸般润滑，与甜意并存的回甘迅速却柔情，底韵中却透露着清凉坑涧产茶微域环境中特有的清幽凛冽和骨气，七泡过后，茶气依存。仿佛天生具备“我就是一泡好茶”的自信。

牛栏坑肉桂：轻嗅干茶时，便可感受到高雅的梅子调，醇厚而甘爽的汤水体现了它收敛的霸气，平衡滋味显露出焙火的通透和巧妙，仿若恰到好处的得意之作，令人不禁直呼：“琼浆玉露！”

大坑口肉桂

大坑口肉桂：滋味浓稠丰厚，馥郁花香融于汤水雅致的回甘之中，入喉便立刻感到唇齿飘香；静待几秒后，更是令人满口生津，回味无穷，茶气沉稳而知性，具有安抚人心的魅力。

马头岩肉桂：沸水注入刹那，一股飘扬桂花香立显。汤水醇厚且甘润，茶质强烈饱满，令人迅速联想到其生长山场——马头岩那位于较高海拔山体上“五马奔槽”的霸气开阔场景。好似睹物思人，山场独特的风格特征，竟在一盏美妙茶汤之中体现得淋漓尽致。

八月 · 第一周　茶若荷瓣舞清欢，卷舒开合任天真

岁月的极美，在于它必然的流逝。夏天之所以美好，是因为它承载了太多的初见和告别。八月，是夏季的尾巴，如一杯温热的茶水，诚忱纯粹，直叩心灵。

最奇妙的是，随着对于岩茶鉴赏次数的增多，我们不难发现：正岩茶风味口感虽各具丰富特色，但其实都蕴含着武夷山核心产茶山场赋予的共性气韵，在多样性之中又巧妙彰显了统一的铿锵岩骨。或许，当我们在了解品鉴岩茶存在的客观性之后，才更能体会到品味美妙风味时，主观性的真正意义。

一、千年老丛，氤氲岁月

早闻陈老师家小众珍茶良多，但其中印象较为深刻的，还数大家口口相传的那款“千年丛”。

恰逢今后午后，师母有讯：“下来喝千年丛。”于是，一分钟不到，我们便“瞬移”到了茶室。

众所周知，岩茶老丛最大年限仅百年，陈老师家多为咸丰年间太爷就开始采制的品石岩百年、五十年老丛。虽说“千年丛”只是这款老丛的花名，但没有千年茶龄，又何来千年之名？带着疑惑，我接过了氤氲着热气的茶盏。

呷下茶汤，一股鲜味顿时在口腔内荡漾开来，难以置信，茶汤中竟会带有鲜蟹般的肥美滋味。这份鲜甜遗世独立，柔韧有骨，刚健有度，丝毫不给味蕾恭迎这番盛宴的准备，鲜醇久持，还不甘散褪。几盏入喉茶汤给予的惊艳，让心中有关年限的数理概念已然模糊，只觉这份有着深邃底蕴的凛冽和透彻，仿若是从远古森林，穿越千年，缓缓而来。

想来，这便是老茶的魅力，给人们带来了太多不可预估的奇幻体验。那历经岁月沉淀的别致各异风味，犹如黄庭坚所叹：“恰如灯下，故人万里，归来对影。口不能言，心下快活自省。”

傍晚，落日偷渡了黛色的山脉。茶意微醺后望门口小院缱绻晚霞，我突然开始贪恋这里的人间。

贪的是盛夏光年里横亘着斑斓霞光的浩渺天空，祥云将暮色晕染成画幕般的五彩绚烂；贪的是苍穹之下，有奇秀的林立丹山和婉转碧水可抚平内心无意的褶皱。

贪的是那盏澄红的岩骨铮铮，汤水清澈透亮地映照着生活的坦荡：粗茶淡饭也好，风花雪月也罢，都是难得自在的快意人生。

老丛茶树

八月 · 特辑　武夷山三日游记，偷得浮生半日闲

未曾想过会如此迷恋一番江南山水，就像迷恋一个治愈温暖的怀抱。

“溪边奇茗冠天下，武夷仙人从古栽。”

还未来得及跟炎炎夏日告别，秋天就已悄然而至。热情的烈阳仍不忘守候，洒下一片眩晕的叠合光影，令人在恍惚之间模糊了季节。

于是，抓住这个夏天的尾巴，赞同老师的建议，我们订好了景区三天的游票，准备全方面、宏观地来欣赏一番这片碧水丹山。

一、水，是山的灵魂

“飞翠浮云韵带香，凌波荡筏水流长。”

早上七点左右，我们便齐聚在九曲码头，感受晨间柔意的夏风携来山河氤氲的清爽。

九曲溪钟灵毓秀

九曲溪泛舟

看平阔青碧横亘眼前，蜿蜒溪流倒映着秀美群山。岸边竹筏整齐地停泊着，船夫们头戴斗笠，谈笑于竹筏之上。

武夷山的钟灵毓秀，在初次踏至这片土地之时，便会有所领悟。若把形容其“碧水丹山”中的奇伟丹石比作武夷山的铮铮岩骨，那么坐上竹筏后便会发现，九曲溪是婉转武夷山间流动的灵魂。

九曲溪发源于武夷山脉南麓，横穿单斜山群峰，将景区切成南、北两大片区。在流水的塑造下，使两岸群峰与溪流结合构成了“水抱山环”的佳境。顺着古朴竹筏的漂流，从九曲泛舟至一曲，仅需两小时左右，游人不费登峰爬山之劳便可赏遍千峰秀色，实在是一项舒适而惬意的活动。

品石岩

泛至九曲溪第八曲处，可见品石岩巍峨伫立于山林间，内心颇有与品石岩下陈老师家的百年老丛感同身受之情。奇山环绕，灵水灌溉，沐雨露于晨昏，难怪得以颐养百年。

溪流两岸群峰相叠，大自然用鬼斧神工将其打造为各异形态，每一曲所的山峰都有其独特的传说。

“玉女峰”与“大王峰”隔岸守望，古代御茶园在溪水一侧还留有席地……它们仿若伫立溪流间的千年文明昭示者，或毗邻，或隔溪相望，从不言语，却又充满故事。

九曲漂流

顺着水流湍湍，我们拜读了一路的岩壁摩崖石刻，泛至终点一曲处，更是琳琅满目。至此，宛如亲见众多古之文人雅士、文官武侯的风采。

听闻古贤朱熹游之再三，终成佳作《九曲棹歌》。现代文学家郭沫若“凌波轻筏”后，赞言经此胜游，“不会题诗也会题”。

武夷风光除此之外，还有崖洞里神秘的虹桥、船棺、木楼……宋人将其编入神话，蒲松龄把它收入传奇，如今仍被列为中国古文化之谜，供考待证。不禁感叹，九曲溪不仅是一条灵秀的溪水，更是一条有文化内含的纽带。

阳光被树荫揉碎，透过茂密枝干，朝溪流洒下一片粼粼波光，溪流也欣然回应了一道绚烂的彩虹。在筏荡悠悠的欢声笑语间，我们结束了今天的九曲溪漂流游程，但心中却还回荡着无尽的感动，久久难以忘怀。

二、云，是山的韵气

“翠耸层霄峦壑胜，碧笼静涧竹松稠。”

昨日竹筏泛过九曲溪第五、六曲之间，船夫便介绍道：“此乃武夷第一胜地天游峰。上峰后，缥缈烟云弥山漫谷，宛如置身于仙境，故名‘天游’。”

天游峰中心海拔四百多米，东接仙游岩，西连仙掌峰，高耸群峰之上，壁立万仞。

顺沿九百多级磴道，拾级而上天游顶，眼前之景便豁然开朗。极目远处，台山耸千层青翡翠，山河全势，一览无余。所以徐霞客登临后慨然而叹：“其不临流而能尽九曲之胜，此峰固应第一也。”

武夷山摩崖石刻

天游峰

这里云海翻滚，时开时合，起伏无常，势如海潮一退一落，回波激荡，倏忽万变，神奇莫测。难怪陈老师家生长于此的茶丛，其滋味更是张扬奇特，宛若其境。

桃源洞道观

下峰是从六曲北岸苍屏峰与北廊岩之间，顺沿一条小涧（松鼠涧）进入峡谷，周旁迂回曲折漆黑。正以为进入“山穷水尽”之时，忽又见刻有“桃源洞”三字石门。循门而入，眼前之景豁然开朗，其间散落着古道观及桃园、竹林、道石池、流泉，俨然是一处“世外桃源”。

闭眼聆听山中泉水淙淙，抬眸观望四周苍松翠竹，在这里，可许内心一片空灵。

三、茶，是山的精华

“翘望半壑茗丛居，琼露圣土古窠育。”

有人说：“没见过九龙窠岩壁上那六株‘大红袍’母树，不能算真正游历过武夷山。未喝到武夷岩茶，便无法体悟武夷山华美之精髓。”于是，追溯历史足迹和人文情怀，我们再度踏至了大红袍母树所在地：九龙窠山场。

九龙窠是一条受东西断裂构造控制而发育的谷地，其独特的节理发育使岩脊高低起伏，犹如九条巨龙欲腾又伏的地形地势，赋予了这里以独特的微域气候。丹崖铁壁上下，碧树、竹丛密布，绿意盎然。

小溪涧流遍布周围，其中游鱼往来翕忽，大红袍母树就植根于生态环境良好的九龙窠底。

窠底土壤便是这几株名贵茶树的原生地，悬崖峭壁上叠着一方盆景式古老茶园。这6株已有340余年历史的古朴茶树，至今依旧枝繁叶茂。但因极其稀缺，现已被禁止开采。

关于其民间的传说是：明代时，秀才赶考途经武夷突染重病，因考期已近，病尚未愈，秀才心焦如焚。天心永乐禅寺中方丈见此，便将九龙窠崖上茶熬汤给秀才服用，病即痊愈。后来

秀才高中状元，衣锦还乡，为报救命之恩，特将钦赐红袍披于该茶树之上。自此，“大红袍”遂得名。

行至前方倒水坑山场，又偶遇空蒙妙雨，阳光却依旧绚烂，照得山间一片斑斓，恍然如梦。

行于武夷山中，除非身临其境，否则没有任何一种形式，能够描述出最真实的心之动容。

漫漫茶路，山河满目，此情此景，犹如陶渊明诗言：“此中有真意，欲辨已忘言。”

大王峰

参考文献

[1]陈泉宾.土壤条件对武夷岩茶品质的影响和调控[D].福建农林大学，2005.

[2]陈泉宾，杨江帆.武夷岩茶不同岩区品质形成研究进展[J].食品安全质量检测学报，2016，257-262.

[3]叶国盛，杜茜雅.生态文明视野下武夷山茶叶地理研究[J].农业考古，2019，89-93.

[4]徐桂姝，陈泉宾.武夷岩茶产区的气候条件分析[J].茶叶科学技术，2009，3-15.

[5]陈荣平，刘安兴.武夷岩茶品质与土壤等微域环境因子的关系研究[J].中国茶叶，2020，35-39.

[6]李少华，刘安兴，王飞权.武夷岩茶制作工艺对茶叶品质的影响[J].武夷学院学报，2015，11-14.

[7]刘宝顺，潘玉华.武夷岩茶烘焙技术[J].福建茶叶，2014，29-31.

[8]段慧.福建乌龙茶陈化机理初探[D].福建农林大学，2007.

[9]郭雅玲.武夷岩茶品质的感官审评[J].福建茶叶，2011，45-47.

[10]GB/T 18745-2006，地理标志产品武夷岩茶[S].北京：中国标准出版社，2006.

[11]林馥泉.武夷茶叶之生产制造及运销[M].福建省农林处农业经济研究室编印，1943.

[12]屠幼英.茶与健康[M].西安：世界图书出版西安有限公司，2011.

[13]萧韵儀.茶味里的隐知识[S].台北：幸福文化出版社，2019.

[14]方留章，黄胜科.武夷山市志[M].北京：中国统计出版社，1994.

[15]陈郁榕.武夷岩茶百问百答[M].福州：福建科学技术出版社，2020.

[16]黄贤庚，黄翊.岩茶手艺[M].福州：福建人民出版社，2013.

[17]吴邦才.世界遗产武夷山[M].福州：福建人民出版社，2000.

[18]邵长泉，岩韵[M].福州：海峡出版发行集团，2016.

后 记

从北京到武夷山，相隔着一千六百多公里的距离。或许若可并非茶源地生而专业的茶者，但是对于最美好的武夷岩茶，有着绝对赤诚的追求和认真。从而亲临至茶源地，探寻最核心产区，只为寻觅最真实茶香。辗转间，便是十年。

中国是茶的发源地和茶文化的发祥地，是世界上最早发现茶树和利用茶树的国家。“溪边奇茗冠天下，武夷仙人从古栽。”便体现了武夷岩茶之奇妙。它凝聚了中国山水之奇伟秀丽，描绘了绝佳生态环境下物种之丰富和生机勃勃，更展现了传承千年的中华劳动人民手艺技术之智慧。它不仅是中国茶文化中的一个符号，更是优秀中华传统文化形象的一个典型代表。

如今，随着“一带一路”“茶叙外交”的推出，饮茶已经遍及全球。可见，中国茶不仅是本民族的骄傲，更是对世界的贡献。每一代人都有其时代背景之下的情怀和责任，而作为新时代背景下的中华儿女们，宣传茶文化、普及茶知识，传承和发展中国传统文化，我们责无旁贷。

因此，用心钻研整理茶知识，向更多的茶友交流茶文化，是我们始终在致力付诸的行动，诚愿岩骨花香所氤氲的美好能够久经于世，愿中华传统文化的芬芳能够在更多人的心间萦绕！

本书在撰写的过程之中，得到了很多老师、茶友们的帮助和支持，也从许多优秀的书籍和文献之中得到了莫大的启发，在此由衷地深表感谢！若有不妥当或遗漏之处，还请茶友们不吝赐教，批评指正！

武夷山正岩茶产区地图

N
E
S
W
866.578 m
高苏坂
武夷山机场
三姑度假区
星村镇
乌龟山
540 m
390 m
300 m
450 m
480 m
420 m
360 m
330 m
270 m
240 m
210 m
180 m
武夷正岩茶产区茶园
公路
山路
水系
等高线
武夷正岩茶产区红线
国道G1514
国道G237
省道S205
乡道X808
武夷大道、大王峰路
铁路
岩、峰、坑、涧、坪
武夷茶业
学校
酒店、民宿、宾馆、客栈
停车场
机场
扫一扫加关注
北京嘉德若可茶文化有限公司